KB042656

비례식이 주는 선물
황금비율

에우독소스가 들려주는 비 이야기

비레식이 주는 선물 황금비율

2판 1쇄 인쇄일 | 2024년 5월 10일
2판 1쇄 발행일 | 2024년 5월 17일

지은이 | 김승태
펴낸이 | 정은영
펴낸곳 | (주)자음과모음

출판등록 | 2001년 11월 28일 제2001-000259호
주소 | 10881 경기도 파주시 회동길 325-20
전화 | 편집부 (02)324-2347, 경영지원부 (02)325-6047
팩스 | 편집부 (02)324-2348, 경영지원부 (02)2648-1311
e-mail | jamoteen@jamobook.com

ISBN 978-89-544-5053-9 (43410)

김승태 지음

에우독소스가
들려주는
비 이야기

비례식이 주는 선물
황금비율

(주)자음과모음

추천사

수학자라는 거인의 어깨 위에서 보다 멀리, 보다 넓게 바라보는 수학의 세계!

수학 교과서는 대개 '결과'로서의 수학을 연역적으로 제시하는 경향이 강하기 때문에 학생들은 수학이 끊임없이 진화해 왔다는 생각을 하기 어렵습니다. 그렇지만 수학의 역사는 하나의 문제가 등장하고 그에 대해 많은 수학자들이 고심하고 이를 해결하는 가운데 새로운 아이디어가 출현해 온 역동적인 과정입니다.

'**비례식이 주는 선물, 황금비율**'은 수학 주제들의 발생 과정을 수학자들의 목소리를 통해 친근하게 이야기 형식으로 들려주기 때문에 학생들이 수학을 '과거 완료형'이 아닌 '현재 진행형'으로 인식하는 데 도움이 될 것입니다.

학생들이 수학을 어려워하는 이유 중 하나는 '추상성'이 강한 수학적 사고와 '구체성'을 선호하는 학생의 사고 사이에 존재하는 간극이며, 이런 간극을 줄이기 위해서 수학의 추상성을 희석시키고 개념과 원리의 설명에 구체성을 부여하는 것이 필요합니다. 이 책은 수학 교과서의 내용을 생동감 있게 재구성함으로써 추상적인 수학을 구체성을 갖는 수학으로 변모시키고 있습니다. 또한 중간중간에 곁들여진 수학자들의 에피소드는 자칫 무료해지기 쉬운 수학 공부에 윤활유 역할을 해 줄 것입니다.

이 책의 구성을 보면 우선 수학자의 업적을 개략적으로 소개하고, 6~9개의 강의를 통해 수학 내적 세계와 외적 세계, 교실 안과 밖을 넘나들며 수학의 개념과 원리들을 소개한 후 마지막으로 강의에서 다룬 내용들을 정리합니다.

이런 책의 흐름을 따라 읽다 보면 각 시리즈가 다루고 있는 주제에 대한 전체적이고 통합적인 이해가 가능하도록 구성되어 있습니다. '비례식이 주는 선물, 황금비율'은 학교 수학 교과 과정과 긴밀하게 맞물려 있으며, 전체 시리즈를 통해 학교 수학의 많은 내용들을 다룹니다. 예를 들어 수학자가 들려 주는 수학자 이야기 중 라이프니츠가 들려주는 기수법 이야기에서는 수가 만들어진 배경, 원시적인 기수법에서 위치적 기수법으로의 발전 과정, 0의 출현, 라이프니츠의 이진법에 이르기까지를 다루고 있는데, 이는 중학교 수학의 기수법 내용을 충실히 반영합니다. 따라서 '비례식이 주는 선물, 황금비율'을 학교 수학 공부와 병행하면서 읽는다면 교과서 내용의 소화 흡수를 도울 수 있는 효소 역할을 할 수 있을 것입니다.

홍익대학교 수학교육과 교수 | 《수학 콘서트》 저자 박경미

책머리에

세상의 진리를 수학으로 꿰뚫어 보는 맛
그 맛을 경험시켜 주는 '비' 이야기

에우독소스의 비에 대한 이야기를 쓰면서 비례에 대해 많은 생각을 하게 되었습니다. 특히 팔등신의 아름다움을 느꼈다고 하면 좀 우스운가요? 그리스 신화에 나오는 미의 여신인 아프로디테와 우리의 영원한 귀염둥이 에로스를 불러와서 같이 비에 대한 여행을 한 것도 무척 즐거운 일이었습니다.

딱딱한 수학이지만 양념을 잘 치면 분명 학생들의 흥미를 돋울 수 있다고 봅니다.

〈비례식이 주는 선물, 황금비율〉은 무수히 많은 수학자들이 우리 학생들을 위해 새로운 시각에서 이야기를 끌고 나가도록 기획된 수학 이야기입니다. 일선에서 수학을 지도하고 때로는 수학을 연구하고 배우는 저로서도 매우 유쾌한 과정이었습니다.

이렇게 많은 분들이 노력하면 얼마 안 가서 학생들이 즐겁게 수학을 배울 날이 올 것입니다.

김승태

차례

1 이 책은 달라요

《비례식이 주는 선물, 황금비율》에서는 황금비 이론을 발전시킨 것으로 유명한 수학자 에우독소스가 우리들에게 비를 이야기해 줍니다. 에우독소스가 신화 속 인물인 아프로디테와 에로스를 데리고 수업을 진행해 나가면서 그들과 즐기는 수학을 하게 됩니다.

초등학교 때 처음 접하는 비는 이후 중학교와 고등학교에 가서 배우게 될 비례식 계산의 뿌리가 됩니다. 이 책은 주로 교과서에 나오는 문제들을 정리하여 이야기 형식으로 꾸몄습니다.

따라서 이 책을 읽고 바로 교과서 문제를 풀 수 있을 정도로 만들어져 있습니다. 그리고 에우독소스라는 수학자가 신화 속 인물, 아프로디테와 에로스를 데리고 수업을 진행해 나가면서 즐겁게 수학을 하게 됩니다. 이 책을 통해 비를 배우고 학교에서 수업을 들으면 학교 수학에서 비比단원이 훨씬 더 친근감 있게 느껴질 것입니다. 아무쪼록 학생들에게 도움이 되도록 최대한 교과 과정을 무리 없이 소화되도록 구성하였습니다.

2 이런 점이 좋아요

1. 비는 초등학교 고학년 때 처음 배운 후에 중학교로 이어져 나갑니다. 그리고 닮음 도형의 계산에서도 비례식 계산은 빠질 수 없습니다. 그런 점을 감안하여 이 책의 뒷부분에서는 도형 계산 속에 숨어 있는 비례식 계산을 다루고 있습니다.
2. 비를 정리한 에우독소스가 마치 옆집에 사는 공부 잘하는 형처럼 설명해 주는 방식으로 구성되어 있습니다.
3. 이 책의 중간중간에 재미난 에피소드를 결합하여 비 이야기를 쉽게 들려줍니다.

3 교과 연계표

학년	단원(영역)	관련된 수업 주제 (관련된 교과 내용 또는 소단원 명)
초등	규칙성	비와 비율, 비례식과 비례배분
	도형과 측정	각도, 합동과 대칭
중등	변화와 관계	일차방정식, 좌표평면과 그래프, 일차함수와 그래프, 일차함수와 일차방정식의 관계
	도형과 측정	기본 도형, 작도와 합동, 도형의 닮음

4 수업 소개

1교시 두 수의 비

두 양 사이의 비율로 두 수를 비교하는 법을 배웁니다. 몇 대 몇에 대해 알아봅니다.

- **선행 학습** : 비(:)는 둘 이상의 수나 양을 비교하는 것입니다. 비를 나타내는 기호는 ' : '입니다. 여자 3명과 남자 5명을 비교할 때 '3 : 5'라고 쓰고 '3 대 5'라고 읽습니다. 비를 나타내는 기호는 1633년 존슨이 $\frac{3}{4}$을 3 : 4로 표시한 데서 유래했다고 합니다.
- **학습 방법** : '비교하는 양 : 기준량'으로 나타냅니다. 항상 기준량을 뒤에 씁니다. 분수로 고칠 때는 기준량이 분모가 되고 비교하는 양이 분자가 됩니다. 분수와 비를 연관시켜 생각하면 도움이 됩니다. '비교하는 양 : 기준량'은 '전항 : 후항'으로 생각해도 됩니다.

2교시 비의 값

비의 값에 대해 배워 봅니다. 비율과 분수 형태를 비교하고, 백분율과 할푼리의 관계도 살펴봅니다.

- **선행 학습** : 비의 값은 기준량을 1로 볼 때의 비율입니다.

-비율 : 기준량에 대한 비교하는 양의 크기입니다.

-소수 : 일의 자리보다 작은 자리 값을 가진 수입니다. 예를 들면 0.02 같은 수입니다.

-백분율 : $\frac{1}{100}$ 단위로 나타낸 수나 계산입니다. 일상생활에서 2%, 50%로 쓰는 것을 말합니다.

-할푼리 : 할은 10분의 1, 푼은 10분의 1의 10분의 1, 리는 10분의 1의 10분의 1의 10분의 1입니다. 정리하면 할은 10분의 1, 푼은 100분의 1, 리는 1000분의 1이 됩니다. 소수로 나타내면 각각 0.1, 0.01, 0.001 입니다.

- **학습 방법** : 비교하는 양을 기준량으로 나눈 값을 비의 값이라 합니다. 이때 기준량을 얼마로 보느냐에 따라 비율, 백분율, 할푼리 등으로 나타낼 수 있습니다. 비는 농도, 빛의 빠르기, 은행의 이자 등을 나타낼 때 활용되기도 합니다.

3교시 비례식을 알아보자

비의 값이 같은 두 비를 등식으로 나타낸 비례식을 알아봅니다. 비례식의 성질을 배워 봅니다. 비례식을 이용한 문제들을 풀어 봅니다.

• 선행 학습

두 비 사이에 성립하는 등치 관계

비례의 개념은 물리학, 화학, 생물학, 천문학에서 많은 법칙의 기초가 됩니다. 건축가들은 비례의 개념을 이용하여 축소된 모형을 설계하고 건축 설계도를 그립니다.

• 학습 방법 : 비례식에는 외항의 곱과 내항의 곱이 같은 성질이 있습니다. 비의 전항과 후항에 대해 잘 알아 둡니다. 비례식의 내항 또는 외항을 각각 바꾸어도 비례식은 성립합니다.

2 : 3 = 4 : 6　내항 바꿈 2 : 4 = 3 : 6 성립됩니다.

외항 바꿈 6 : 3 = 4 : 2 성립됩니다.

4교시 연비

세 개 이상의 수 또는 양의 비, 연비에 대해 배워 봅니다.

• 선행 학습 : 연비에 쓰이는 최소공배수의 계산, 소수나 분수를 자연수의 비로 만들기

• 학습 방법 : 연비에서는 각 항을 0이 아닌 같은 수로 나누거나 곱하여도 그 비의 값은 변하지 않는 성질이 있습니다. 각 항을 최대공약수로 나누거나, 각 항에 최소공배수를 곱하여 간단한 자연수의 비로 나타낼 수 있습니다.

5교시 연비와 비례배분

변형된 연비를 배워 봅니다. 전체를 주어진 비에 따라 나누는 것인 비례배분을 배워 봅니다.

- 선행 학습

  최대공약수 : 둘 이상의 수들의 공약수 중에서 가장 큰 수를 말합니다. 두 수의 최대공약수를 구하는 방법은 여러 가지가 있습니다.

- 학습 방법 : 비례배분이란 전체를 주어진 비에 따라 나누는 것이라는 것을 배웁니다.

6교시 정비례와 반비례

정비례와 반비례에 대해 공부합니다. 정비례와 반비례를 좌표평면에 나타내 봅니다.

- 선행 학습 : 정비례 관계식은 일차함수의 식에 포함되며, 일차함수의 식에서 y절편이 0인 상태입니다. 반비례 관계식은 고등학생이 되면 분수함수라고 배우게 됩니다. 정비례의 성질은 비의 값이 비례상수와 같습니다. 반비례의 성질은 곱의 값이 비례상수와 같습니다.
- 학습 방법 : 서로 대응하여 변하는 두 양 x, y가 있을 때 x가 2배, 3배, 4배, ……로 변함에 따라 y도 2배, 3배, 4배, ……로 변하는 관계에 있다면, 두 양 x, y는 서로 정비례 관계입니다. 서로 대응하여 변하는 두 양 x, y가 있을 때, x가 2배, 3배, 4배, ……로 변함에 따라 y

는 $\frac{1}{2}$배, $\frac{1}{3}$배, $\frac{1}{4}$배, ……로 변하는 관계에 있다면, 두 양 x, y는 서로 반비례 관계입니다.

7교시 가비의 리

비례식의 성질인 가비의 리를 공부합니다. 비례상수 k의 역할을 알아봅니다.

- 선행 학습 : 비례상수 k는 비례식에서 일정한 값을 나타냅니다. 비례식의 성질 역시 분수가 등장하므로 분모가 0이 되어서는 안 됩니다.
- 학습 방법 : 가비의 리

$$\frac{a}{b}=\frac{c}{d}=\frac{e}{f}=\frac{a+c+e}{b+d+f}=\frac{pa+qc+re}{pb+qd+rf}\ \ b+d+f\neq 0,\ pb+qd+rf\neq 0$$

8교시 황금비

황금분할을 나타내는 황금비에 대해 알아봅니다.

- 선행 학습

-비례중항 : 비례식에서 내항끼리 같은 것을 비례중항이라 합니다.

-피보나치 수열 : 1, 1, 2, 3, 5, 8, 13, 21, 34, 55, …… 이런 식으로 계속 나가는 수열입니다. 규칙은 '앞의 수+뒤의 수'의 값들을 나열하는 것입니다. 첫째 항과 둘째 항을 더하면 1+1=2이므로 셋째 항에 2가 옵니다. 이어서 1+2는 3, 3+5는 8, 5+8은 13, 이런 식으로 나갑니다.

• **학습 방법** : 황금은 예로부터 시간이 지나도 변하지 않는 찬란함과 아름다움의 상징이 되어 왔습니다. 그래서 사람들이 자연 속에서 찾아낸 황금비 역시 황금과 같이 변하지 않는 성질을 가지고 있다는 점에서 공통점을 발견했습니다.

9교시 피라미드의 높이 측정과 비례식

비례식을 이용하여 피라미드의 높이를 측정하는 법을 알아봅니다.

• **선행 학습**

-탈레스 : 그리스 최초의 철학자입니다. 7현인의 제1인자로 꼽히고 있으며 밀레투스학파의 시조이기도 합니다. 만물의 근원을 추구한 철학의 창시자인데, 만물의 근원을 물이라고 보았고 생명을 위해서는 물이 반드시 필요하다고 했습니다. 변화하는 만물에 일관하는 본질적인 것에 관하여 문제를 제기한 데에 공적이 있습니다.

-에라토스테네스 : 그리스의 수학자, 천문학자, 지리학자입니다. 에라토스테네스의 체를 고안하여 소수를 발견하는 방법으로 삼았고, 해시계를 이용하여 지구 둘레의 길이를 계산한 최초의 학자입니다. 또 역사상 최초로 지리상의 위치를 위도와 경도로 표시한 것으로 알려져 있습니다.

• 학습 방법

-탈레스의 피라미드 높이 재는 방법

막대의 높이 : 막대 그림자의 길이 = 피라미드의 높이 : 피라미드 그림자의 길이

위 식을 이용하여 탈레스는 피라미드의 길이를 쉽게 알아냅니다.

-에라토스테네스의 지구 둘레 재기

$7.2^\circ : 800 = 360^\circ : x$

$x = \frac{800 \times 360}{7.2} = 40000$

10교시 도형의 닮음과 비

도형의 닮음비에 대해 알아봅니다.

• 선행 학습

-닮음비 : 대응변의 비가 모두 같을 때, 두 도형의 변은 비례 관계에 있다고 합니다. 이때 비의 값을 닮음비라고 합니다.

-피타고라스 : 피타고라스학파의 철학은 정수가 만물의 근원이라는 가정 위에서 세워졌습니다. 여기에서 수의 성질에 대한 찬미와 연구가 시작되었고 기하학, 음악, 천문학과 더불어 수론으로 생각되는 산술이 피타고라스학파의 연구에 있어서의 기초가 되었습니다.

• 학습 방법 : 삼각형에서 $\overline{AB} : \overline{BH} = \overline{BC} : \overline{AB}$ 비례식을 이용하여 $\overline{AB}^2 = \overline{BC} \times \overline{BH}$ 식이 만들어집니다.

11교시 닮음에 응용된 비들

도형에 숨어 있는 비례식을 알아봅니다.

• 선행 학습

-닮음 : 두 도형의 모양이 같음을 이르는 말입니다. 닮은 두 도형을 닮은 도형이나 닮은꼴이라고 합니다.

-평행 : 두 개의 직선이나 평면이 서로 나란하여 만나지 않는 것을 가리킵니다.

-동위각 : 두 직선이 다른 한 직선과 만나서 생긴 각 중에서 같은 위치에 있는 두 각을 가리킵니다.

-엇각 : 한 직선이 다른 두 직선과 만날 때 서로 엇갈리는 각을 가리킵니다.

-메넬라오스 : 이집트의 알렉산드리아에서 태어난 수학자입니다. 98년 로마에 천문대를 건립하였고 《구면학》이라는 책을 썼으며 '메넬라오스 정리'를 발견하였습니다.

-체바 : 이탈리아의 기하학자로서 1678년 '체바의 정리'를 발견했습니다.

• 학습 방법

-메넬라오스의 정리 : 한 직선이 $\triangle ABC$의 변 또는 그 연장선과 만나는 점을 각각 X, Y, Z라 하면 $\frac{\overline{BX}}{\overline{CX}} \times \frac{\overline{CY}}{\overline{AY}} \times \frac{\overline{AZ}}{\overline{BZ}} = 1$이 성립됩니다.

-체바의 정리 : $\triangle ABC$의 꼭짓점 A, B, C에서 각각의 대변에 적당한

선분을 그어 선분 AE, 선분 BF, 선분 CD가 한 점 O에서 만날 때,

$\frac{\overline{BD}}{\overline{AD}} \times \frac{\overline{CE}}{\overline{BE}} \times \frac{\overline{AF}}{\overline{CF}} = 1$이 됩니다.

에우독소스를 소개합니다

Eudoxos (B.C.400?~B.C.350?)

내 이름은 에우독소스로 수학의 비, 비율을 연구한 수학자입니다.

피타고라스학파의 대학자인 아르키타스에게서 삼각형, 선, 입체도형과 기하학을 배웠고 필리스톤에게서는 의학을, 플라톤에게는 철학을 배웠습니다.

여러분, 나는 에우독소스입니다

하늘에서 대각선 같은 비들이 주룩주룩 내립니다. 비를 맞으면 걷고 싶을 때가 있습니다. 여러분도 그럴 때가 있을 겁니다. 그래서 나는 비에 대해 이야기하려고 합니다. 하지만 내가 말하려는 비는 하늘에서 내리는 비가 아닙니다. 하늘에서 내리는 비에 대해서는 나도 여러분 정도밖에 모릅니다. 하지만 지금 말하고자 하는 비는 내가 여러분보다 훨씬 잘 알고 자세히 설명해 줄 수 있습니다. 왜냐하면 나는 수학자이기 때문이지요.

나는 에우독소스로, 수학의 비, 비율을 연구한 수학자입니다. 천문학에도 관심이 많아서 천문학자로서도 제법 유명합니다. 나는 기원전 400년경에 소아시아의 크니도스에서 태어났습니다. 피타고라스학파의 대학자인 아르키타스에게서 삼각형, 선, 입체도형과 기하학을 배웠고, 필리스톤에게서는 의학을 배웠습니다. 또 플라톤에게는 철학을 배웠지요. 나도 여러분만큼 여러 과목을 공부했습니다. 공부를 마치고 나서 큐지코스라는 학교를 세웠습니다. 내가 교장 선생님이 된 것입니다. 하지만 나는 공부를 멈추지 않았습니다.

주어진 정육면체의 2배의 부피를 가진 정육면체를 작도하는 문제를 누구의 도움도 없이 혼자 연구하였습니다. 수학은 때때로 참고서도 없이 혼자 공부할 필요가 있거든요. 그래서 나는 무리수에서도 적용되는 일반 비례론을 찾아냈습니다. 또 내가 연구한 기하학은 유클리드의 책《기하학 원론》에도 실려 있습니다. 수학자끼리는 서로 주고받으면서 연구를 발전시켜 나갑니다. 황금분할을 이용하여 각뿔과 원뿔에 관한 증명을 정리하기도 했습니다. 수학도 해 보면 점점 재미가 납니다. 내가 종종 하는 말이 있습니다. "원의 넓이는 그 반지름의 제곱에 비례한다." 요즘은 수학을 한다는 친구들은 다 알고 있지요.

그리고 요즘 고등학교 형들이 배우는 구분구적법에 해당하는 '끝까지 잘라 내는 방법'을 발견하였습니다. 말이 좀 어렵지요?

예를 들어 줄게요. 무가 있습니다. 이 무를 원 모양으로 얇게 썰어 냅니다. 모양은 흐트러지지 않게 칼질의 달인같이 빠르게 칼을 움직입니다. 그러면 칼자국만 나 있고 무의 모양은 그대로입니다. 상상이 됩니까? 무는 그대로 있고 칼자국만 남는 거지요. 하지만 잘린 것을 하나씩 떼어 보면 무수히 많은 원 모양이 생깁니다. 그러니까 초등학교 6학년 수학에 나오는 원기둥을 수직으로 자른 단면을 생각하면 되겠네요. 즉, 하나하나 잘린 무 조각을 붙여서 무를 만들어 부피를 구하는 것을 구분구적법이라고 합니다. 이 방법을 이용하여 나는 각뿔이나 원뿔의 부피는 밑면과 높이가 같은 각기둥이나 원기둥의 부피의 $\frac{1}{3}$이라는 것을 세계 최초로 증명했습니다. 구의 부피는 반지름의 세제곱에 비례한다는 것도 증명했습니다. 그 후 나는 비례의 달인이 된 것입니다.

아마 그래서 내가 여러분에게 비례를 가르쳐 주게 된 것 같습니다. 반갑습니다. 나는 비례의 달인 에우독소스입니다. 이제부터 여러분과 비에 대해 공부하게 될 것입니다. 혼자 공부하는 것은 등대에서 365일 바다를 쳐다보는 것만큼 심심하고 지루합니다. 그래서 같이 공부할 두 명의 학생들을 소개할게요. 한 사람은 8등신의 미녀, 아프로디테입니다.

"안녕하세요? 그리스 최고의 미의 여신 아프로디테에요. 완벽한 8등신의 몸매를 가지고 있지요. 호호호, 같이 공부하게 되어 너무 기뻐요"

눈이 부시군요. 교실에 커튼을 치도록 할게요. 다음 소개할 친구는 대표적인 3등신의 장난꾸러기 천사 에로스입니다. 하하! 에로스는 인사 대신에 장난기 어린 표정으로 여러분에게 화살을 겨눕니다. 장난이니까 무서워 마세요. 에로스는 짤막한 3등신 몸매입니다. '등신'이란 인체 비례를 나타내는 대표적인 개념이지요. 벌써부터 비례 이야기가 나왔군요. 자, 그럼 이제 8등신 친구 아프로디테와 3등신 친구 에로스와 함께 비比에 대한 공부를 시작해 봅시다.

나는 B.C. 400년경
소아시아의 크니도스에서
태어났죠.
응애 응애

나에겐 훌륭한
스승님들이
많았답니다.
피타고라스학파의
대학자이신 아르키타스
선생님에게서
삼각형, 선, 입체
도형과 기하학을
배웠고
필리스톤
선생님에겐 의학을
배웠으며
플라톤 선생님에게는
철학을
배웠지요.

나는 훌륭하신 선생님들께
배운 후 큐지코스라는
학교를 세웠습니다.
큐지코스

그리고 더욱더 열심히 수학 공부를
했습니다.
누구의 도움도 없이
정육면체의 2배의
부피를 가진 정육면체를
작도해 냈죠.

나는 무리수에서도 적용되는
일반 비례론을 찾아내기도
했으며 황금분할을
이용한 각뿔과
원뿔에 관한 증명을
정리하기도 했죠.

자, 여기 무가
있습니다.

이 무를 칼로 잘게 원으로
썰어 냅니다. 아주 빠르게
칼질을 합니다.
착착

이러면
칼자국만 나고
무의 모양은
그대로 유지되지요.

하지만 잘린 것을
하나씩 떼어 보면
무수히 많은
원 모양이 생깁니다.

이렇게 하나하나 잘린 무를
붙여서 무를 만들어 부피를
구하는 것을 구분구적법이라고
하는데

이 방법으로 나는 각뿔이나 원뿔의 부피는 밑면과 높이가 같은 각기둥이나 원기둥 부피의 $\frac{1}{3}$이 됨을 세계 최초로 증명했습니다.

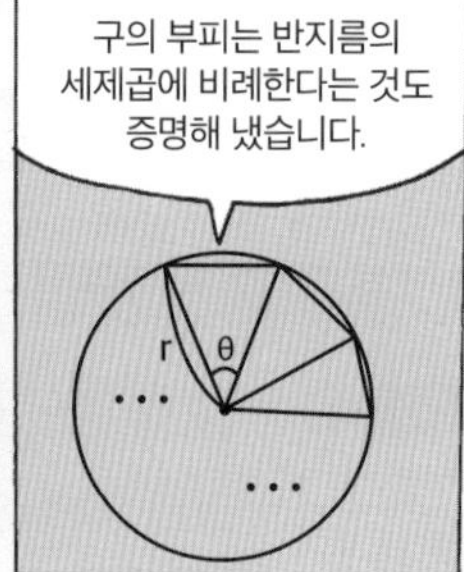

구의 부피는 반지름의 세제곱에 비례한다는 것도 증명해 냈습니다.
r
θ

나는 이렇게 열심히 공부를 해서 비의 달인이라는 명칭도 얻게 되었습니다. 여러분들도 저와 함께 공부를 해서 비의 달인, 아니 수학의 달인이 되길 바랍니다.

1교시

두 수의 비

두 양 사이의 비율로
두 수를 비교하는 법을
배워 볼까요?

수업 목표

1. 두 양 사이의 비율로 두 수를 비교하는 법을 배워 봅니다.
2. 몇 대 몇에 대해 알아봅니다.

미리 알면 좋아요

1. 비 둘 이상의 수나 양을 비교하는 것을 말합니다. 비를 나타내는 기호는 ' : '입니다. 여자 3과 남자 5를 비교할 때 $3:5$라고 쓰고 3 대 5라고 읽습니다. 비를 나타내는 기호 ' : '는 1633년 존슨이 $\frac{3}{4}$을 $3:4$로 표시한 데서 유래했다고 합니다.

에우독소스의 첫 번째 수업

앞에서 소개한 친구 아프로디테와 에로스는 키 차이가 많이 납니다. 그 차이는 큰 수에서 작은 수를 빼서 알 수 있습니다. 하지만 여기서 우리는 그들의 키 차이를 비율로 비교하려고 합니다. 이때 두 수 중 하나는 비교하는 양이고 다른 하나는 기준량입니다. 즉, 비교하는 이유는 한쪽이 다른 한쪽의 몇 배에 해당하는가를 상대적으로 알기 쉽게 하기 위한 것입니다.

아프로디테의 키를 8이라고 하고 에로스의 키를 3이라고 둡시다. 그럼 두 키를 비교해 보면 8과 3이 됩니다. 두 키를 비교하기 위해서 기호 : 를 사용하여 8:3으로 나타내고 8 대 3이라고 읽습니다. 기호 : 는 비를 나타내는 기호입니다. 아프로디테의 키 8과 에로스의 키 3을 비로 나타내는 방법에 대해 좀 더 알아봅시다.

쏙쏙 이해하기

에로스의 키를 기준으로 아프로디테의 키를 비교하면 8 : 3입니다.
아프로디테의 키를 기준으로 에로스의 키를 비교하면 3 : 8입니다.

위 두 식을 보면 기준이 되는 수가 뒤에 있다는 사실을 알 수 있습니다. 8:3과 3:8은 서로 다릅니다.

위 내용을 설명하기 위해 아프로디테와 에로스가 자리를 왔

다 갔다하며 고생 좀 했습니다. 나는 그냥 말로 설명해도 된다고 했지만 아프로디테와 에로스는 학생들에게 좀 더 생생한 강의를 해야 한다며 자청하여 실습물이 되었습니다.

아참, 그들의 활약에 깜박할 뻔했습니다. 아프로디테의 키와 에로스의 키를 비교하기 위해 8:3으로 나타내고 8 대 3이라고 읽었습니다. 그런데 다르게 읽는 방법이 몇 가지 더 있습니다. 3에 대한 8, 또는 8의 3에 대한 비라고 읽거나, 간단히 8과 3의 비라고도 합니다.

(가)

(나)

오른쪽 그림을 보고 좀 더 알아볼까요?

그림에서 (가)에 대한 (나)의 비는 3:8입니다. 그리고 (나)에 대한 (가)의 비는 8:3입니다.

비라는 것은 두 양 중에서 기준을 정하여 상대적인 크기를 비교하는 것입니다. 그리고 기준이 되는 수를 기호 : 뒤에 쓴다는 사실을 반드시 기억해 두세요.

만약에 벽돌 6개를 색칠한다고 합시다. 벽돌 6개에서 한 개만 빼고 다 칠했습니다. 아, 손대지 마세요. 아직 덜 말랐으니까요. 손에 묻으면 잘 안 지워지지요. 석유나 휘발성이 있는 것으로 지우세요. 반드시 부모님에게 말씀드리고 행동하세요. 벽돌 칠한 것과 안 칠한 것을 잘 생각해 보고 대답하세요. 전체에 대한 색칠한 부분의 비는 얼마가 될까요? 아, 아프로디테가 빨랐네요. 말씀하세요. 빙고! 5:6이 맞습니다. 에로스가 들었던 손을 얼른 내리네요. 나는 왜 에로스가 손을 내렸는지 알 것 같습니다. 그 이유는 에로스는 6:5라고 말하려고 했던 것입니다. 어떻게 알았냐고요. 에로스의 날개가 살짝 접혔다 펴지면 당황해서 그런 것이거든요. 아마 다른 학생들도 에로스처럼 6:5라고 생각한 친구들도 제법 많을 것입니다. 하지만 전체에 대한 색칠한 부분의 비는 (색칠한 부분):(전체)입니다. 그래서 5:6이 정답입니다.

기준이 되는 것이 : 기호 뒤에 온다고 앞에서 말했죠. 반드시 기억해 두세요.

에로스가 등에 메고 있는 화살통의 화살 5개 중에서 1개를 꺼내며 1:5라고 말하는군요. 전체 화살에 대한 꺼낸 화살의 수의 비는 1 대 5가 맞습니다. 이제 에로스도 두 수의 비에 대해 잘 아는 것 같습니다.

앞에서 말한 것과 같이 비교하는 두 양을 기준을 정하여 상대적인 크기를 비교한다는 것을 이제 잘 알겠지요? 그것을 우리는 비라고 부릅니다.

에로스가 그 작은 키로 아이돌 가수를 흉내 내며 춤을 추고 노래까지 합니다.

"흔들리는 전체의 수, 바보 같은 부분의 수, 수학이 싫어, 수학이 싫어~."

윽, 이제는 아프로디테까지 춤을 추고 난리네요. 여기서 첫 번째 수업을 마쳐야겠습니다.

수업 정리

비는 '비교하는 양 : 기준량'으로 나타내며, 기준량을 항상 뒤에 씁니다. 분수로 고칠 때는 기준량이 분모가 되고 비교하는 양이 분자가 됩니다. 분수와 비를 연관시켜 생각하면 도움이 됩니다. '비교하는 양 : 기준량'은 '전항 : 후항'으로 생각해도 됩니다.

2교시

비의 값

비의 값은 기준량을 얼마로 보느냐에 따라
비율, 백분율, 할푼리 등으로
나타낼 수 있습니다.

수업 목표

1. 비의 값에 대해 배워 봅니다. 비율과 분수 형태를 비교하고 백분율과 할푼리와의 관계도 살펴봅니다.

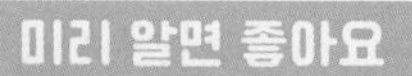

1. 비의 값 기준량을 1로 볼 때의 비율입니다.

2. 비율 기준량에 대한 비교하는 양의 크기입니다.

3. 소수 일의 자리보다 작은 자리 값을 가진 수입니다. 예를 들면 0.02 같은 수입니다.

4. 백분율 $\frac{1}{100}$ 단위로 나타낸 수나 계산입니다. 일상생활에서 2%, 50%로 쓰는 것을 말합니다.

5. 할푼리 할은 10분의 1, 푼은 10분의 1의 10분의 1, 리는 10분의 1의 10분의 1의 10분의 1입니다. 정리하면 할은 10분의 1, 푼은 100분의 1, 리는 1000분의 1이 됩니다. 소수로 나타내면 각각 0.1, 0.01, 0.001입니다.

에우독소스의 두 번째 수업

아프로디테와 에로스는 교실을 깨끗이 청소해야 한다면서 오늘은 수학 공부보다 청소를 한다고 야단입니다. 에우독소스로서는 이러지도 못하고 저리지도 못해 어정쩡하게 바라봅니다. 청소를 하겠다는 그들의 의도는 모르겠지만 나쁜 일이 아니니 말릴 수도 없습니다.

그들의 두뇌는 에우독소스보다 뛰어난 것 같습니다. 하지만 두고 봐야 할 것 같습니다.

교실에는 청소 도구가 25개 있습니다. 그중 빗자루가 7개 있지요. 아프로디테와 에로스가 청소를 하려고 청소 도구함을 여는 순간 깜짝 놀라네요. 그들은 무엇을 보고 깜짝 놀랐을까요? 하하! 그렇습니다. 우리가 배우는 것이 '비' 단원인데 청소 도구함을 여니 비여기서는 빗자루가 나오는 것이 아니겠습니까? 도둑이 제 발 저린다고, 기껏 머리를 써서 수업을 피해 보려고 했으나 그들은 수학에서 달아날 수 없었던 것입니다. 그들은 신이라서 이러한 계시에 민감합니다. 비에서 신의 계시를 느낀 그들, 청소는 다음에 하기로 하고 나에게 수업을 계속해 달라고 하네요. 예정대로 수업을 합시다. 정말 로마의 신들은 단순한 것 같죠?

비율과 비의 값에 대해 공부하기로 합시다. 비율은 왜 배우냐고요? 그럼 물어볼게요. 쫄깃한 우동 면발이 좋아요, 아님 흐물거리는 면발이 좋아요? 물론 쫄깃한 면발이겠죠? 그렇습니다. 쫄깃한 면발을 만들기 위해서는 반죽을 할 때 비율을 잘 맞추어야 합니다. '적당히'라는 말로는 매번 쫄깃한 면발을 만들 수 없습니다. 이렇게 생활 속에서도 비율이 쓰일 때가 많습니다. 그래서 비율과 비의 값을 공부해야 합니다. 이제 공부합시다.

이번 수업은 청소 도구함에서 시작하겠습니다. 도구함에는 청소 도구가 25개 있고 그중에 빗자루는 7개 있습니다. 전체 청소 도구의 수에 대한 빗자루 수의 비는 7 : 25입니다. 빗자루의 수가 전체 청소 도구 중에서 차지하는 비율을 알아보려면 빗자루의 수를 전체 청소 도구의 수로 나누어 주어야 합니다.

쏙쏙 이해하기

빗자루의 수 ÷ 전체 청소 도구의 수 $= 7 \div 25 = \frac{7}{25}$

다시 말하면 빗자루의 수는 전체 청소 도구의 수의 $\frac{7}{25}$입니다.

빗자루의 수는 전체 청소 도구의 수의 얼마인지 소수로 알아보겠습니다. 빗자루의 수는 전체 청소 도구의 수의 $\frac{7}{25}$이므로 $\frac{7}{25}$을 소수로 나타내면 다음과 같습니다.

$$\frac{7}{25}=\frac{7\times4}{25\times4}=\frac{28}{100}=0.28$$

그래서 전체 청소 도구의 수에 대한 빗자루의 수를 소수로 나타내면 0.28입니다.

정리해 보겠습니다. 빗자루의 수는 전체 청소 도구의 수의 $\frac{7}{25}$이고, $\frac{7}{25}=0.28$이므로 빗자루의 수는 전체 청소 도구의 수의 0.28입니다.

전체 청소 도구 25개를 기준으로 하여 빗자루 7개를 비교할 때 25개를 기준량, 7개를 비교하는 양이라고 합니다. 기준량에 대한 비교하는 양의 크기를 비율이라고 합니다. 기준량을 1로 볼 때의 비율을 비의 값이라고 합니다.

$$\text{비율}=\frac{\text{비교하는 양}}{\text{기준량}}$$

자, 다시 위의 식을 청소 도구를 이용해서 생각해 봅시다. 전체 청소 도구 25개를 1로 볼 때, 25에 대한 7의 비의 값은 $\frac{7}{25}$입니다.

이제 비율의 대소 관계를 알아보도록 합니다. 비율은 기준량을 1로 보았을 때, 비교하는 양의 크기를 말하는 것입니다. 비율이 1보다 큰가, 작은가, 또는 1과 같은가에 따라 기준량과 비교하는 양의 대소 관계를 알아볼 수 있습니다. 다음 내용을 머릿속에 잘 정리해 두세요.

비율＞1일 경우는 비교하는 양이 기준량보다 큽니다.

비율＜1일 경우는 비교하는 양이 기준량보다 작습니다.

비율＝1인 경우는 비교하는 양과 기준량이 같습니다.

그럼 아프로디테에게 질문을 해 볼게요.

에우독소스가 질문을 하겠다고 하자 아프로디테가 몸을 움찔합니다.

'장미꽃의 수 : 미녀의 수'에서 기준량은 무엇일까요?

아프로디테의 얼굴에 미소가 번집니다. 기호 : 뒤에 있는 수가 기준량이라는 걸 알고 있기 때문입니다. 우리는 돌아서면 까먹는데 아프로디테는 아까부터 설명을 하면 돌아서지 않아 까먹지도 않았습니다. 아프로디테가 예쁜 입술로 말을 합니다.

"미녀의 수."

좋은 향기와 함께 역시 정답입니다. 이제 에로스에게 질문을 해 보겠습니다. '사과의 수에 대한 배의 수'입니다. 기준량은 무엇일까요?

에로스의 표정이 어두워집니다. 3등신 몸이 잔뜩 오그라들어 마치 2등신 몸 같습니다. '~에 대한'이라는 말 때문에 더욱 헷갈려 하는 것 같습니다. '~에 대한'이라는 말이 나오면 뭔가 순서가 바뀐다는 기억이 어렴풋이 나는 모양입니다. 에로스가 자신 없게 대답합니다.

"배의 수."

틀렸군요. 확률은 반반이었는데 안타깝습니다. 하지만 에로스도 노력했으니 너무 상심하지 마세요.

답은 사과의 수입니다. '~에 대한'이라는 것은 기준량에 대한 비교하는 양을 말하는 것입니다. 확실히 기억하세요. 문장 가운데 '~에 대한'이라는 말이 들어가면 기준량에 대한 비교하는 양이라는 것을 말입니다.

풀이 죽은 에로스는 잠시 쉬라고 하고 우리는 비의 값에 대한 이야기를 좀 더 해보겠습니다. 우리가 구별해야 할 비의 값은 크게 두 가지로 알아볼 수 있겠습니다. 수를 가지고 예를 들어 보겠습니다. '8에 대한 3의 비의 값'과 '3의 8에 대한 비의 값'이 있습니다. 앞에서부터 차례로 살펴봅니다.

8에 대한 3의 비의 값은 기준량이 8이므로 분모에 8을 적습니다. 망설이지 말고 힘껏 적어도 됩니다. '~에 대한'이라는 말만 나오면 망설이는데 나랑 같이 공부하는데 뭐가 두렵습니까? 분모에 8을 팍 썼다면 3은 비교하는 양이므로 분자에 쓰면 비의 값으로 $\frac{3}{8}$이 됩니다. 정답입니다. 분모에 기준량, 분자에 비교하는 양입니다. 반대로 하면 틀립니다.

그럼 순서에 따라 다음을 한번 생각해 봅시다. 3의 8에 대한 비의 값입니다. 이것은 쉽습니다. 차례대로 앞이 비교하는 양이고 뒤가 기준량이 됩니다. 그래서 그대로 분수로 만들면 $\frac{3}{8}$입니다.

자, 이제 어느 정도 개념이 잡혔으니 3과 8의 비의 값을 분수와 소수로 나타내 볼까요?

8이 기준량이고 3이 비교하는 양이므로 비의 값을 분수로 나타내면 $\frac{3}{8}$이고, 소수로 나타내면 0.375입니다. 잠깐, 소수로 만드는 방법을 모르는 친구가 있지요? 분자 3 나누기 분모 8을 하면 됩니다. 사실 분수나 나눗셈이나 서로 통하는 사이입니다.

비와 비의 값, 분수, 소수의 관계를 표를 사용해서 나타내 보겠습니다.

비·비의 값	분수	소수
1과 5의 비	$\frac{1}{5}$	0.2
4에 대한 1의 비	$\frac{1}{4}$	0.25
18의 24에 대한 비	$\frac{3}{4}(\frac{18}{24})$	0.75

좀 더 설명해 보면 1 : 5는 $\frac{1}{5}$로서 0.2가 되고요, 1 : 4는 $\frac{1}{4}$로서 0.25가 됩니다. 그리고 18 : 24는 $\frac{18}{24}$인데 약분을 하면 $\frac{3}{4}$이 되고 소수로 고치면 0.75입니다. 알겠죠?

이때 에로스가 천천히 한마디 합니다.

"100퍼센트는 아니지만 어느 정도 이해가 됩니다."

100퍼센트? 100%라? 오호, 에로스 잘 말했습니다. 말이 나온 김에 백분율과 할푼리를 설명하겠습니다. 백분율은 기준량을 100으로 할 때의 비율입니다. 기호는 %퍼센트를 써서 나타냅니다. 백분율은 다음과 같이 계산합니다.

백분율% = 비율 × 100

연습해 보겠습니다. 쉽고 재미있습니다. 0.67을 백분율로 고쳐 보면 67%가 됩니다. 곱하기 100을 한 결과이지요. 앞에서 비율은 소수로 나타내지니까 비율은 뭘까, 소수는 뭘까 고심하지 않아도 됩니다. 그냥 비율을 소수로 나타냈구나 생각하면 됩니다. 이렇게 비율은 소수로 나타낼 수도 있고, 백분율로 나타낼 수도 있습니다. 또 비율은 분수로도 나타낼 수 있습니다. 분수 비율 $\frac{9}{20}$는 $\frac{9}{20} \times 100 = 45$로 45%가 됩니다. 백분율은 기준량을 100으로 할 때의 비율이므로 비율에 100을 곱해 %를 붙여서 나타내면 됩니다. % 기호를 자세히 보면 0 같은 동그라미 두 개에, 1 같은 작대기가 하나 있지요. 그래서 그런지 기호의 자리를 이동시키면 100이 됩니다. 기억하는 데 도움이 되나요?

62%는 %를 빼고 100으로 나누면 분수로 고칠 수 있습니다. $\frac{62}{100}$를 다시 고치면 0.62입니다.

퍼센트, 즉 백분율이 일상생활에서는 어떻게 쓰이는지 알아봅시다.

에로스가 화살을 쏘는데 25번을 쏘아 19번을 맞힌다면, 100점을 만점으로 할 때는 몇 점일까요? 에로스의 점수를 100점을 만점으로 나타내는 방법을 알아봅시다. 에로스가 맞힌 횟수의 전체 쏜 횟수에 대한 비의 값은 $\frac{19}{25}$입니다. 비의 값을 소수로 나타내면 0.76이 됩니다. 25번을 모두 맞혔을 때는 100점, 한 번 맞췄을 때는 $100 \div 25 = 4$로 계산하여 4점이 됩니다. 에로스의 점수는 100점을 만점으로 볼 때 76점인 셈입니다.

비의 값은 기준량을 1로 본 것이고, 100점 만점에서 점수 76은 0.76의 100배이므로 100점 만점의 점수는 기준량을 100으로 본 것입니다. 계산 과정을 살펴보면 다음과 같습니다.

$$\frac{19}{25}=\frac{19\times4}{25\times4}=\frac{76}{100}=0.76$$

25에 4를 곱하면 쉽게 100이 만들어집니다. 이런 관계를 가진 수들이 몇 개 있지요. 예를 들면 20 곱하기 5도 100이 되고요. 분모가 100이 되도록 곱해 주면 분자 계산이 쉬워진답니다.

25에 대한 19의 비율을 백분율로 나타내는 방법을 알아봅시다. 에로스가 더욱 관심을 가지네요. 그렇습니다. 누구나 자신과 연관된 일에 더욱 신경을 쓰기 마련입니다.

25에 대한 19의 비의 값은 분수로 나타낼 때 $\frac{19}{25}$이고, 소수로 나타내면 0.76이 됩니다. 분수와 소수는 친구 관계이므로 둘 다 표현해야 서로 섭섭하지 않습니다. 백분율은 말 그대로 기준량을 100으로 할 때이므로 비율에 100을 곱해야 합니다. 만약 100을 곱하지 않고 콩을 곱한다면, 백분율이 아니라 콩분율이겠지요. 25에 대한 19의 비율을 백분율로 나타내면 다음과 같습니다.

$$\frac{19}{25} = \frac{76}{100} = 0.76$$
$$0.76 \times 100 = 76\%$$

정리해 보면 기준량을 100으로 할 때의 비율을 백분율이라 하고, 기호 %를 써서 나타냅니다. 15%를 15퍼센트라고 읽습니다.

날씨가 더운지 에로스가 헐떡대기 시작합니다. 아이스크림이 먹고 싶다기에 에우독소스가 사 주기로 했습니다. 하지만 수학자인 에우독소스가 그냥 사 주지는 않습니다. 조건으로 할푼리를 배우기로 했습니다. 에로스가 아이스크림을 먹기 위해서는 어쩔 수 없이 헐떡거리며 할푼리 수업을 듣게 됩니다.

우선 아이스크림을 나눠 먹기 위해 가위바위보를 합니다. 8번을 했는데 아프로디테가 5번 이겼습니다. 아프로디테의 승률은 전체 가위바위보의 횟수에 대하여 이긴 횟수의 비율입니다.

아프로디테의 승률을 비의 값으로 나타내면 소수로 0.625입니다. 아프로디테의 승률을 백분율로 나타내면 62.5%입니다. 8에 대한 5의 비율을 할푼리로 나타내 보겠습니다. 8에 대한 5의 비의 값을 소수로 나타내면 0.625입니다. 0.625를 할푼리로 나타내면 6할 2푼 5리입니다. 8에 대한 5의 비는 5:8입니다.

비율을 소수로 나타낼 때, 그 소수 첫째 자리를 할, 소수 둘째 자리를 푼, 소수 셋째 자리를 리라고 합니다. 8에 대한 5의 비율 0.625는 6할 2푼 5리라고 읽습니다. 비율을 소수로 고친 후 할푼리로 나타냅니다.

이러한 백분율과 할푼리 역시 일상생활에서 쓰입니다. "네가 말하는 것은 100% 믿을 수 없다."는 말은 너의 말은 순도 100%

가 아니란 뜻입니다. 백분율은 오렌지 100%와 50% 주스를 구분할 수 있는 기준이 되기도 하고요. 야구에서 타자의 성적을 할푼리로 나타내어 비교하기도 합니다. 배운 만큼 보이게 됩니다.

수고했습니다. 다음 수업 시간에 만납시다.

수업 정리

❶ 비교하는 양을 기준량으로 나눈 값을 비의 값이라 합니다. 이때 기준량을 얼마로 보느냐에 따라 비율, 백분율, 할푼리 등으로 설명할 수 있습니다.

❷ 비는 농도, 빛의 빠르기, 은행의 이자 등을 나타낼 때 활용되기도 합니다.

3교시

비례식을 알아보자.

비례식의 성질에는
어떤 것이 있을 까요?
문제를 통해 알아봅시다.

수업 목표

1. 비의 값이 같은 두 비를 등식으로 나타낸 비례식을 알아봅니다.
2. 비례식의 성질을 배워 봅니다.
3. 비례식을 이용한 문제들을 풀어 봅니다.

미리 알면 좋아요

1. 비례 두 비 사이에 성립하는 등치 관계

2. 비례의 개념 물리학, 화학, 생물학, 천문학에서 많은 법칙의 기초가 됩니다. 건축가들은 비례의 개념을 이용하여 축소된 모형을 설계하고 건축 설계도를 그립니다.

에우독소스의 세 번째 수업

'비례한다'라는 말은 무슨 뜻일까요? 우선 비교할 수 있는 무엇이 2개는 있어야 합니다.

"에우독소스 선생님, 수학을 가르치느라 수고가 많지요?"

허허, 뭘요. 아는 지식을 좀 가르치는 건데요.

"그래서 이번 수업은 제가 좀 도우려고 해요. 괜찮으시겠지요?"

에우독소스의 심장은 8과 $\frac{3}{4}$만큼 심하게 뜁니다. 너무 기분이 좋다는 소리입니다. 아프로디테가 자신의 몸을 보라고 합니다. 눈이 부실 정도로 아름답다고 하자, 다시 보라고 합니다. 에우독소스, 최고의 수학자 아니겠습니까? 이 상황에서도 수학을 발견합니다. 아프로디테의 몸은 정확히 8등신입니다. 어떻게 에우독소스의 마음을 읽었는지 아프로디테가 말합니다.

"제 몸 정확히 팔등신 맞죠? 호호!"

그렇습니다. 정확합니다.

"그럼 제 몸에서 무엇과 무엇을 비교해서 팔등신이라는 이야기인가요?"

그렇습니다. 앞에서 배운 것처럼 기준량과 비교하는 양을 알아야 합니다. 기준량은 몸 전체의 길이를 말한 것이고, 비교하는 양은 머리의 크기입니다. 머리를 1로 보았을 때 몸의 길이의 비가 8이라는 뜻입니다. 그래서 8등신은 1:8입니다. 그럼 에로스는 1:3이 되겠지요?

이제 이 비례를 가지고 식을 만들어 보겠습니다. 1:8＝2:16과 같이 비의 값이 같은 두 비를 등식으로 나타낸 식을 비례식이라고 합니다. 1:8＝2:16이라는 식은 등호가 있고, 비례를 나타내는 기호 : 가 있으니까 비례식은 확실합니다.

그럼 비례식에 대해 좀 더 살펴보도록 합시다.

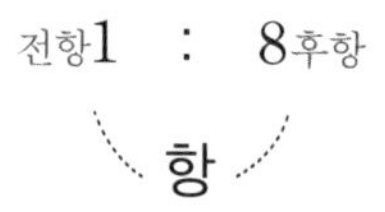

위의 비에서 1과 8을 비의 항이라고 하고, 앞에 있는 1을 **전항**, 뒤에 있는 8을 **후항**이라고 합니다.

$$1:8=2:16$$

위의 비례식에서 바깥쪽에 있는 두 항 1과 16을 **외항**이라 하고, 안쪽에 있는 두 항 8과 2를 **내항**이라고 합니다.

그런데 왜 이렇게 분류하는 것일까요? 분명 이유가 있을 겁니다. 이것에 대해서는 에우독소스식으로 표현해 보겠습니다. 아래에 비례식을 분수식으로 만들어 놓고 생각해 봅시다.

$$1:8=2:16$$

$$\frac{1}{8}=\frac{2}{16}$$

뭔가 보입니까? 아, 안 보여요? 그럼 계산을 좀 더 해 보겠습니다. 분수식은 대각선으로 곱합니다. 분수식에서 1과 16을 대각선으로 곱하고 8과 2를 대각선으로 곱하면 1곱하기 16은 16, 8 곱하기 2도 16으로 같아지지요. 여기에 비례식의 비밀이 있는 것입니다. 다시 비례식으로 돌아와서, 1:8=2:16에서 외항 1과 16을 곱한 것도 내항 8과 2를 곱한 것과 같습니다. 그래서 1과 16을 외항으로 정하고 8과 2를 내항으로 정한 것입니다. 이제 이해가 좀 되죠?

외항

1 : 8 = 2 : 16

내항

이때 에로스가 큰 상자를 하나 들고 들어옵니다. 꽈당! 에로스 다리가 짧아서 그런지 넘어졌습니다. 에우독소스와 아프로디테가 놀라서 달려가 봅니다. 안에 뭐가 들어 있었냐니까, 비례식만 따로 넣었는데 쏟아지는 바람에 섞였다며 울고 있습니다. 에로스가 아이는 아이인가 봅니다. 모두 함께 힘을 합하여 쏟아진 식들을 보고 비례식을 찾아봅시다.

$$5 \times 6 = 30,\ 40 \div 5 = 8,\ \frac{1}{2} = \frac{2}{3},\ 14:7 = 2:1,\ 7 \times 3 = 21 + 4$$

위의 다섯 개의 식 중에서 비례식은 오직 하나인데 어떻게 알아봐야 할까요? 척 보니까 $14:7=2:1$이 눈에 들어옵니다. 하지만 수학은 반드시 확인이 필요한 과목입니다. 확인해 봅시다. $14:7$은 비의 값 $\frac{14}{7}$로, 약분하면 2입니다. $2:1$은 $\frac{2}{1}$로, 2가 됩니다. 그래서 비의 값이 서로 같아 비례식이 성립됩니다.

아프로디테가 $14:7=2:1$를 마치 모델처럼 들고 걸어 다니네요. 정말 아름답습니다. 아참, 이러고 있을 때가 아닙니다. 미안합니다. 정신 차리고 수업을 진행하도록 하겠습니다.

아까 말했듯이 아프로디테의 몸은 $1:8$입니다. 하지만 가까이에서 보면 $2:16$이 될 수도 있습니다. 즉 가까이 오면 머리가 크게 보이는 것처럼 몸도 크게 보입니다. 하지만 멀어지고 가까워진다고 해서 $1:8$이라는 비의 값이 달라지지 않습니다. 그래서 비의 값이 같은 두 비를 등식으로 나타낸 식을 비례식이라고 하는 겁니다. 이러한 현상을 수학에서는 비의 성질이라고 합니다.

이제부터는 비의 성질에 대해 알아보겠습니다. 비의 성질을 공부한다고 하니까 이제 에로스도 우리의 수업에 참여하네요. 에로스의 몸의 비를 알고 있지요? 1:3입니다.

하하! 에로스도 우리의 수업을 돕기 위해 자신의 비밀을 밝히는군요. 이왕 드러난 비밀을 이용하여 속 시원히 비의 성질을 설명해 보겠습니다.

에로스의 몸의 비례 1:3에서 전항 1과 후항 3에 0이 아닌 같은 수를 곱하여 새로운 비를 만들겠습니다. 에로스의 몸의 비, 비의 값이 어떻게 변하는지 알아봅시다. 과연 1:3이라는 치욕적인 수치가 변할 수 있을지는 두고 봐야 알 수 있습니다.

1:3 비의 값은 $\frac{1}{3}$입니다. 에로스의 몸의 비에 팔등신의 희망을 담아 8을 전항과 후항에 곱하여 보겠습니다.

$$(1\times8):(3\times8)=8:24$$

새로운 비가 생겼습니다. 비의 값을 계산해 보니, 비의 값은 $\frac{8}{24}$입니다. 드디어 팔등신이 되었나 했지만 분수이므로 다시 기약분수로 만들어 보면 $\frac{1}{3}$이 됩니다. 분수는 약분을 시켜야 한다는 사실을 잠시 잊었습니다. 팔등신의 꿈은 물거품이 되었군요.

이처럼 비의 전항과 후항에 0이 아닌 같은 수를 곱하여도 비의 값은 같습니다. 즉, 몸이 늘어나는 만큼 머리도 커진다는 슬픈 이야기입니다. 타고난 몸의 비는 어쩔 수 없나 봅니다.

실망하는 에로스를 위로하기 위해 내 몸길이 비를 공개하여 나 역시 수학의 예로 등장시키겠습니다. 500년간 비밀로 해 온 내 몸길이의 비를 떨리는 마음으로 공개합니다. 비웃지 마세요. 2:8입니다. 놀라셨죠? 정상인의 머리를 1로 두면 나는 머리가 커서 몸길이의 비는 2:8입니다. 하지만 여기서 더욱 놀라운 발견을 할 수 있도록 새로운 비를 만들어 보이겠습니다. 나의 몸길이 비를 가지고 전항과 후항을 0이 아닌 같은 수로 나누어 새로운 비를 만들어 보이겠습니다. 내가 밝힌 비의 값이 어떻게 변하는지 알아봅시다. 2:8 비의 값은 $\frac{2}{8}$입니다. 이것을 다시 기약분수로 고치면 $\frac{1}{4}$이 됩니다.

$$(2 \div 2) : (8 \div 2) = 1 : 4$$

따라서 비의 값은 $\frac{1}{4}$입니다.

엥? 내 몸의 비율이 1:4였군요. 에로스랑 별 차이가 없네요. 흑흑! 에로스의 표정이 밝아집니다. 우리는 다시 한번 아프로디테의 몸길이 비율에 감탄합니다.

일단 비의 성질을 노트에 정리해 봅시다.

쏙쏙 이해하기

- 비의 전항과 후항에 0이 아닌 같은 수를 곱하여도 비의 값은 같다.
- 비의 전항과 후항을 0이 아닌 같은 수로 나누어도 비의 값은 같다.

필기 다 했죠? 그럼 잠깐 생각 좀 해 봅시다. 에로스의 몸길이 비례 1:3에서 만약 전항과 후항을 2로 나누면 어떻게 될까요?

$$(1 \div 2):(3 \div 2) = \frac{1}{2}:\frac{3}{2} = 0.5:1.5$$

이렇게 표현하는 것이 가능할까요? 그리스의 신, 아프로디테를 걸고 성립한다고 말할 수 있습니다. 그렇다면 이런 분수나 소수의 비를 위대한 자연수의 비로 바꾸는 것도 가능할까요? 지금부터 알아봅시다.

에우독소스, 아프로디테, 에로스 각각 비가 적혀 있는 판자를 들고 서 있습니다. 판자에 적힌 비를 순서대로 알아보면 다음과 같습니다.

$$0.5:0.7,\ \frac{1}{7}:\frac{1}{5},\ 25:35$$

내가 가지고 있는 비 $0.5:0.7$을 가장 간단한 자연수의 비로 나타내려면 각 항에 10을 곱해야 합니다. 계산해 보겠습니다.

$$0.5:0.7=(0.5\times10):(0.7\times10)=5:7$$

다음으로는 아프로디테의 $\frac{1}{7}:\frac{1}{5}$을 가지고 가장 간단한 자연수의 비로 나타내려면 각 항에 분모의 최소공배수인 35를 곱해야 합니다. 계산해 보겠습니다.

$$\frac{1}{7} : \frac{1}{5} = (\frac{1}{7} \times 35) : (\frac{1}{5} \times 35) = 5 : 7$$

이제 에로스가 들고 있는 25:35를 가장 간단한 자연수의 비로 나타내려면 각 항을 25와 35의 최대공약수인 5로 나누어야 합니다. 계산해 봅시다.

$$25 : 35 = (25 \div 5) : (35 \div 5) = 5 : 7$$

우리는 앞의 식을 통해 다음과 같은 사실을 알 수 있습니다. 비의 성질을 이용하여 가장 간단한 자연수의 비로 나타낼 수 있다는 것입니다. 그 방법은 다음과 같이 정리할 수 있습니다.

쏙쏙 이해하기

- (소수) : (소수)의 비는 소수점 아래 자릿수에 따라 각 항에 10, 100, 1000, ……을 곱하여 자연수의 비로 만들어 준다.
- (분수) : (분수)의 비는 각 항에 분모의 최소공배수를 곱하여 자연수의 비로 만들어 준다.
- (자연수) : (자연수)의 비는 각 항을 두 수의 최대공약수로 나누어 준다. 단 나누어질 때 그렇게 한다.

그런데 우리 학생들이 시험을 칠 때 긴장해서 그런지 약분을 안 하고 틀리는 경우가 있습니다. 그러므로 평소에 오답 노트를 만들고 연습하여야만 시험에서 틀리지 않습니다. 알고 있는 것과 실전에서 활용하는 것과는 약간의 차이가 있습니다. 평소에 많은 연습을 합시다. 그럼 우리 연습을 한번 해 볼까요? 처음 출발이라 쉽게 시작합니다.

30 : 80은?

“ 3 : 8 ”

간단한 문제가 나오자마자 에로스가 날개를 펄럭이며 외칩니다. 하하! 에로스, 정말 영악합니다. 아프로디테는 에로스의 행동에 좀 당황합니다. 그럼 다음 문제입니다.

24 : 32은?

이번 문제는 아프로디테가 풀기로 합니다. 한참 생각을 하던 아프로디테가 자신의 팔8을 떼더니 24와 32를 팔8로 나누기 시작합니다.

3 : 4

더 이상 나누어지지 않는 상태의 간단한 자연수의 비가 나왔습니다. 이 일이 일어난 후로 아프로디테의 석고상을 보면 팔이 없습니다. 믿거나 말거나입니다. 야유가 날아오기 전에 세 번째 문제 나갑니다.

0.002 : 0.003을 고쳐 보세요.

이번에는 내가 직접 해 볼게요. 마술을 부릴 거니 잘 보세요. 이 비 위에 천을 덮어씌웁니다. 하나, 둘 , 얍~!

2 : 3

바뀌었습니다. 이 마술의 비밀은 천에 있습니다. 천은 숫자로 1000입니다. 0.002와 0.003은 소수 셋째 자리이므로 천1000을 곱해 주면 간단한 자연수의 비로 변한답니다. 수학 마술사 에우독소스였습니다.

다음으로 아프로디테의 팔 없는 석고상에서 유래된 문제를 하나 풀어 보겠습니다. 아래의 비를 자연수의 비로 바꿔 보겠습니다.

$$\frac{1}{8} : \frac{2}{8}$$

분모의 8끼리는 약분됩니다. 약분이 된다는 것은 지워져 없어진다는 말입니다.

1 : 2

그렇죠? 8이 없어졌죠? 그리고 1 : 2가 된 것을 보면 이 이야기가 일리1과 2가 있다는 말입니다.

그런데 (대분수) : (대분수)는 (가분수) : (가분수)로 고친 다음 각 항에 분모의 최소공배수를 곱하여 자연수의 비로 만든 후, 가장 간단한 자연수의 비로 나타냅니다. 그렇죠. 수학이란 각 단원들마다 따로따로 새로운 규칙이 있는 것이 아닙니다. 여기서 배운 규칙이 저기서도 똑같은 경우라면 똑같이 적용할 수 있습니다. 대분수는 가분수로 고쳐 계산하는 것이 비례식에서도 편리합니다. 그리고 다시 한번 말하지만 가장 간단한 자연수의 비는 비의 전항과 후항의 공약수가 1뿐인 자연수로 이루어진 비입니다. 이러한 두 수의 관계를 중학생이 되면 서로소라는 어려운 말로 표현하게 됩니다. 서로소, 기억해 두면 좋습니다. 기억하기 어려우면 이렇게 해 보세요. 서로 소홀히 대해서 서로소, 그래서 약수가 1과 자신뿐이라는 서로소라고요. 기억하는 데 좀 도움이 될 겁니다.

우리가 앞에서 설명을 할 때 전항, 후항이라는 말을 제법 썼는데, 사실 무슨 말인지 알고 들었습니까? 하하, 그럴 줄 알았습니다. 그래서 그림으로 설명을 해 드리겠습니다.

이제 비례식의 성질에 대해 좀 알아보도록 하겠습니다. 누구나 성질은 다 있습니다. 다른 사람의 성질을 잘 알아야 시비가 안 생기듯이 수학, 비례식도 성질을 알아야 다투는 일이 안 생깁니다. 학생들 중에서 수학과 다투고 싶은 사람은 아무도 없을 것입니다.

그러니 비례식의 성질을 잘 알아 둡시다. 비례식 $3:4=6:8$에서 외항의 곱과 내항의 곱을 구해 보고 누가 큰지 비교해 볼까요? 뭐, 내항과 외항이 뭔지 또 까먹었다고요? 외항은 바깥쪽에 있는 항이고 내항은 안쪽에 있는 항입니다. 3:4=6:8에서 외항은 3과 8입니다.

일단 외항끼리 곱하면 $3 \times 8 = 24$

내항끼리 곱하면 $4 \times 6 = 24$

허허! 여기서 알 수 있는 사실은 외항의 곱과 내항의 곱이 같다는 것입니다. 즉, 외항과 내항의 곱이 같아야 비례식이 성립된다는 말입니다. 만약 같지 않으면 성립이 안 되는 것입니다. 같으면 성립, 같지 않으면 성립 안 함. 이제 알겠지요?

이것이 비례식의 성질입니다. 비례식에서 외항의 곱과 내항의 곱은 같습니다. 비례식에서 외항의 곱과 내항의 곱이 같으므로 외항의 곱과 내항의 곱이 같지 않으면 비례식이 아닙니다.

$3 \times 8 = 24$

$3 : 4 = 6 : 8$

$4 \times 6 = 24$

비례식을 이용하여 문제를 풀어 보겠습니다. 예를 들어 4 : 3 = ○ : 12가 있다고 합시다. 비례식의 성질을 이용하여 외항의 곱과 내항의 곱을 등식으로 나타내고, 곱셈식을 나눗셈식으로 고쳐서 구하려는 항의 값을 구하면 됩니다. 식으로 나타내 보겠습니다.

$$4 : 3 = \bigcirc : 12$$

$$3 \times \bigcirc = 4 \times 12$$

$$3 \times \bigcirc = 48$$

$$\bigcirc = 48 \div 3 = 16$$

$$\therefore \bigcirc = 16$$

생활에서 적용해 보겠습니다. 에로스의 과수원에서 3:2의 비로 배와 사과를 수확합니다. 배의 수확량이 1.5t이라면 사과의 수확량은 몇 t이겠습니까? 사과의 수확량을 ♡t이라 하여 식을 써 봅시다.

$$3 : 2 = 1.5 : ♡$$

$$3 \times ♡ = 2 \times 1.5$$

$$3 \times ♡ = 3$$

$$♡ = 3 \div 3 = 1\text{t}$$

답은 1톤이 됩니다.

1톤~! 내 목소리 톤이 좋습니까? 3교시를 마치겠습니다.

수업 정리

❶ 비례식은 외항의 곱과 내항의 곱이 같습니다.

❷ 비의 전항과 후항에 대해 잘 알아 둡시다.

❸ 비례식의 내항 또는 외항을 각각 바꾸어도 비례식은 성립합니다. 본문에서 다루지 않았지만 알아 두면 좋습니다.

2:3=4:6 내항 바꿈 2:4=3:6 성립됩니다.

외항 바꿈 6:3=4:2 성립됩니다.

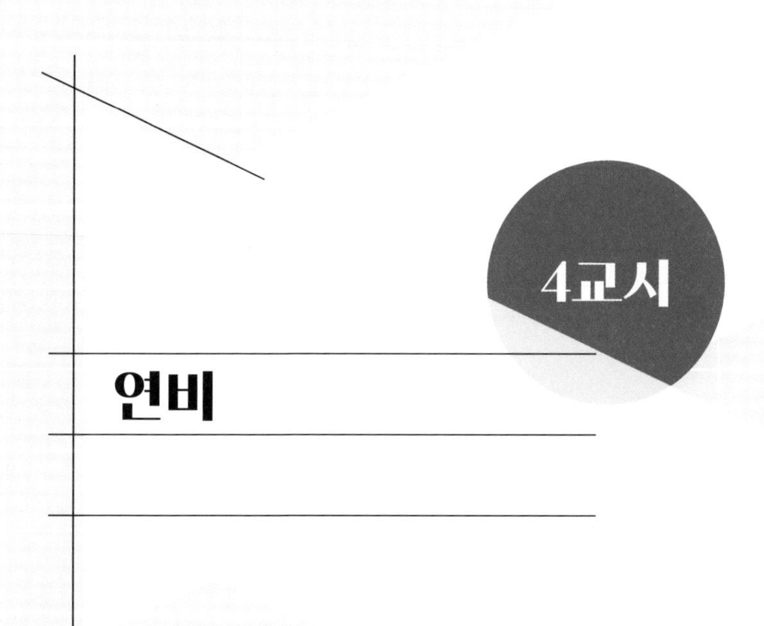

4교시

연비

세 개 이상의 수 또는
양의 비, 연비에 대해
배워 봅시다.

수업 목표

1. 세 개 이상의 수 또는 양의 비, 연비에 대해 배워 봅니다.

미리 알면 좋아요

1. 연비에 쓰이는 최소공배수 계산을 알아 두어야 합니다.
2. 소수나 분수를 자연수의 비로 만들기

에우독소스의 네 번째 수업

연비에서는 각 항을 0이 아닌 수로 나누거나 곱해도 비의 값이 변하지 않습니다.

에로스가 에우독소스를 찾아와서 새해가 왔다면서 폼을 잡고 있습니다. 새해가 오면 온 거지 웬 폼을 잡느냐고 하니 자기가 나이를 한 살 더 먹었다고 자랑을 합니다. 나이를 더 먹으면 뭐가 좋으냐고 물으니 에로스는 나이가 많아졌으니 아프로디테랑 친구할 거라고 했습니다. 아프로디테랑 같은 나이가 되기 위해 열심히 나이를 먹을 거라고 합니다.

여기서 도대체 뭐가 잘못된 생각일까요? 그렇지요. 에로스 빼고는 다 알고 있는 사실. 누구나 새해가 되면 똑같이 한 살씩 나이를 먹습니다. 그래서 결코 에로스의 나이가 아프로디테랑 같아질 수 없습니다. 이런 사실은 수학에도 있습니다. 그게 바로 두 수의 대응 관계를 식으로 나타내는 것입니다.

아프로디테의 나이는 18살이고, 에로스의 나이는 6살입니다. 아프로디테와 에로스의 나이 관계를 비교해 보겠습니다. 아프로디테의 나이는 에로스보다 $18-6=12$살 더 많습니다. 에로스가 7살이 되면, 아프로디테는 19살이 됩니다. 에로스가 8살이 되면, 아프로디테는 20살이 됩니다.

표를 만들어 아프로디테와 에로스 나이의 관계를 알아보면 다음과 같습니다.

에로스의 나이	6	7	8
아프로디테의 나이	18	19	20

위의 표에서 아프로디테는 에로스보다 항상 12살 더 많습니

다. 아프로디테와 에로스의 나이 관계를 ♡와 ♥를 사용하여 식으로 나타내면 ♡＝♥＋12입니다.

지나가던 개가 이 사실을 알고는 웃습니다. 화가 난 에로스가 개의 엉덩이에 화살을 쏘아 버립니다. 에로스의 화살에 맞으면 지나가는 아무 개나 사랑하게 됩니다. 개가 한 마리 지나가자 그 개를 사랑하게 되어 쫓아갑니다. 뒤에 있던 또 다른 개가 무슨 일인가 싶어 뛰어갑니다. 그 뒤의 개는 또 무슨 일인가 하여 따라갑니다. 순식간에 개들의 놀이터가 되었습니다.

개와 개의 다리의 개수를 대응 관계의 식으로 나타내 보겠습니다.

개의 수	1	2	3	4	5	……
개의 다리의 수	4	8	12	16	20	……

$$1 \times 4 = 4, 2 \times 4 = 8, 3 \times 4 = 12, 4 \times 4 = 16, 5 \times 4 = 20, \cdots\cdots$$

개의 다리의 수, 즉 개 다리 수는 개의 수의 4배입니다. 그것을 관계식으로 나타내 봅시다. 개를 D라 두고 개의 다리를 L이라 하면 다음의 식이 됩니다.

$$L = D \times 4$$

두 수의 대응 관계를 나타낼 때는 덧셈, 뺄셈, 곱셈, 나눗셈 중에서 어느 것을 이용한 규칙인지 찾아보아야 합니다. 비에 대한 관계식은 변하는 두 양을 규칙적으로 나타내는 것입니다. 이러한 두 양의 관계식은 중학교 과정에서 정비례, 반비례라는 식으로 발전하게 됩니다. 이것은 여섯 번째 수업에서 자세히 다루겠습니다.

이제 연비에 대해 알아봅시다. 비는 두 수를 비교하여 나타낸 것이라고 보면 연비는 셋 이상의 수의 비를 한꺼번에 나타낸 것을 말합니다. 다시 말하면 셋 이상의 양의 비를 한꺼번에 나타낸 것을 연비라고 합니다.

누가 가로 5cm, 세로 4cm, 높이가 3cm인 직육면체를 만들어 달라고 했습니다. 그런데 만들고 나니까 똑같은 비율로 2배 크게 늘려 달라고 합니다. 이럴 때 세 연비를 사용하면 간단히 해결할 수 있다고 하니까 약간 수긍을 합니다.

지난해 세 사람, 나와 아프로디테와 에로스가 올림포스산에 살고 있는 제우스를 만난 횟수는 각각 4번, 5번, 6번씩입니다. 세 사람이 제우스를 만난 횟수의 비를 한꺼번에 어떻게 나타내는지 알아봅시다. 에우독소스와 아프로디테가 제우스를 만난 횟수를 비로 나타내면 4 : 5입니다. 하지만 아프로디테가 제우스를 만나 무슨 소원을 들어 달라고 한 것은 비를 가지고는 알 수가 없습니다. 나는 수학의 일인자가 되도록 부탁드렸습니다.

나와 에로스가 제우스를 만난 횟수를 비로 나타내겠습니다. (에우독소스) : (에로스)는 4 : 6입니다. 이제 이것을 한꺼번에 나타내는 연비로 표현해 보겠습니다. 주의할 점은 순서에 맞게 적어야 한다는 것뿐입니다.

에우독소스 : 아프로디테 : 에로스=4 : 5 : 6

지금 에로스가 장난을 치겠다고 사다리를 오르고 있습니다. 에로스의 발이 딛고 있는 저 한 칸의 사다리꼴의 윗변의 길이, 아랫변의 길이, 높이를 연비로 나타내 보겠습니다.

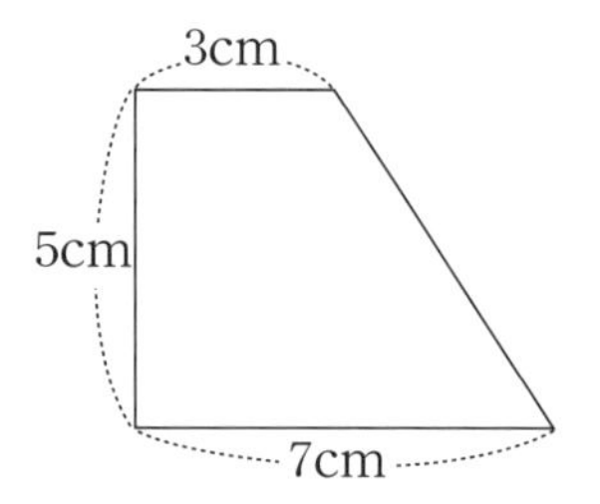

연비를 구하려면 각 변의 길이를 알고, 순서에 맞게 차례로 나타내야 합니다. 사다리꼴의 윗변의 길이는 3cm, 아랫변의 길이는 7cm, 높이는 5cm입니다. 연비는 다음과 같습니다.

윗변의 길이 : 아랫변의 길이 : 높이=3 : 7 : 5

쿵! 내 저럴 줄 알았습니다. 장난치다가 결국 떨어졌군요. 히죽히죽 웃는 것을 보니 많이 다치지는 않았나 봅니다.

연비에 대한 공부는 나무 쌓기 놀이를 하며 마무리 짓고 다음 공부를 해 봅시다. 나는 12개, 아프로디테는 7개, 에로스는 아프로디테가 쌓은 나무의 2배를 쌓았습니다. 에로스는 날개가 있다는 사실을 아프로디테와 나는 깜빡했습니다. 세 사람이, 아니 한 사람과 두 신이 쌓은 나무의 수를 연비로 나타내 봅시다. 에로스의 쌓기 나무를 알아본 후 연비를 나타내야 합니다.

에우독소스 : 12개, **아프로디테** : 7개, **에로스** =**아프로디테** 7개×2=14개

따라서 에우독소스 : 아프로디테 : 에로스=12 : 7 : 14입니다.

에우독소스 : **아프로디테** : **에로스**=12 : 7 : 14

이제 배울 것은…….

에우독소스가 말을 하려는데 옆에서 아프로디테와 에로스가 끼어듭니다.

"두비 두비 두비 두~!"

그렇습니다. 지금부터는 두 비, 즉 두 비의 관계로 연비를 알아보겠습니다. 두비두비~!

에우독소스, 아프로디테, 에로스가 무화과를 다음과 같은 비로 나누어 가졌습니다. 세 사람이 나누어 가진 무화과 수를 연비로 나타내어 봅시다.

에우독소스 : 아프로디테＝2 : 5

아프로디테 : 에로스＝3 : 4

에우독소스와 아프로디테가 나누어 가진 무화과의 비는 이렇게 나타냅니다.

$$2:5=(2\times3):(5\times3)=6:15$$

아프로디테와 에로스가 나누어 가진 무화과의 비는 이렇게 나타냅니다.

$$3:4=(3\times5):(4\times5)=15:20$$

그럼 이번에는 세 사람이 나누어 가진 무화과의 수를 연비로 나타내어 볼까요? 이번에는 기술이 들어가니까 자세히 보세요. 두 번 있는 아프로디테, 사랑의 아프로디테가 기준이 되므로 두 비에서 아프로디테의 양을 같게 하여 구해야 합니다.

에우독소스	:	아프로디테	:	에로스
2	:	5		
		3	:	4
(2×3)	:	(5×3)	:	(4×5)

그래서 정리해 보면 이렇게 됩니다.

에우독소스 : 아프로디테 : 에로스 = 6 : 15 : 20

두 비를 하나의 연비로 나타낼 때는 공통인 항의 수를 같게 하여 구합니다. 두 비의 관계로 연비를 나타낼 때 말입니다. (가), (나), (다)항이 있다고 생각해 보겠습니다.

이때 두 비에서 (나)항이 공통인 항인 경우 (나)항의 수를 같게 하고, (가)항이 공통인 경우 (가)항의 수를 같게 하여 연비를 구해야 합니다.

아, 이제 연비에 대해 좀 알 것 같다고요? 아닙니다. 열 길 물 속만 알지 말고 두 길 되는 연비의 속, 즉 성질도 반드시 알아두어야 합니다. 그럼 지금부터는 연비의 성질에 대해 알아보겠습니다. 연비의 성질은 크게 두 가지입니다.

첫 번째, 연비는 각 항을 0이 아닌 같은 수로 나누어 간단히 자연수의 연비로 나타낼 수 있습니다.

$$200:500:300=(200\div100):(500\div100):(300\div100)=2:5:3$$

나누는 수를 찾을 때에는 세 수의 최대공약수를 구하면 됩니다. 세 수의 최대공약수로 나누면 간편합니다.

두 번째, 연비는 각 항에 0이 아닌 같은 수를 곱하여 간단한 자연수의 연비로 나타낼 수 있습니다. 이번 성질에는 두 가지 경우가 생기는데 하나는 소수를 자연수로 나타내는 경우와 분수를 자연수로 나타내는 경우입니다.

우선 소수를 자연수로 나타내는 경우를 보겠습니다.

$$(0.2\times10):(0.3\times10):(0.5\times10)=2:3:5$$

앞의 식에서 $0.2:0.3:0.5$는 모두 소수 한 자릿수이므로 10을 각 항에 곱합니다. 이처럼 소수는 10, 100, 1000, ……을 각 항에 곱하여 자연수로 나타냅니다.

이제 분수를 자연수로 고치는 경우입니다.

$$1\frac{2}{3}:\frac{1}{2}:\frac{1}{6}=\frac{5}{3}:\frac{1}{2}:\frac{1}{6}=(\frac{5}{3}\times6):(\frac{1}{2}\times6):(\frac{1}{6}\times6)$$
$$=10:3:1$$

대분수는 가분수로 고치고, 분모의 최소공배수를 각 항에 곱합니다.

이때 갑자기 에로스가 너무 힘들다며 그만하자고 하네요. 좋습니다. 하지만 연비의 성질이 끝난 것이 아닙니다. 아직 부릴 성질이 더 남아 있습니다. 다음 시간에 연결하여 공부합시다.

수업 정리

❶ 연비에서는 각 항을 0이 아닌 같은 수로 나누거나 곱하여도 그 비의 값은 변하지 않는 성질이 있습니다.

❷ 각 항을 최대공약수로 나누거나, 각 항에 최소공배수를 곱하여 간단한 자연수의 비로 나타낼 수 있습니다.

5교시

연비와 비례배분

비례배분이란
무엇인지 알아봅시다.

수업 목표

1. 변형된 연비를 배워 봅니다.
2. 전체를 주어진 비에 따라 나누는 것인 비례배분을 배워 봅니다.

미리 알면 좋아요

1. 최대공약수 둘 이상의 수들의 공약수 중에서 가장 큰 수를 말합니다. 두 수의 최대공약수를 구하는 방법은 여러 가지가 있습니다.

에우독소스의
다섯 번째 수업

머리도 식힐 겸 간만에 파르테논 신전에 왔습니다. 신전은 언제 봐도 멋집니다. 하지만 수학자인 에우독소스 눈에는 직육면체의 돌들이 눈에 먼저 들어옵니다. 에우독소스에게 수학은 본능입니다. 그 벽돌을 자로 재어 보니 밑면의 가로와 세로의 길이, 높이가 각각 0.7m, 0.42m, 0.3m입니다. 점점 구미가 당겨오기 시작합니다. 아름다운 자연에서 자연수의 연비를 구하지 않는다면 신에 대한 모독 아니겠습니까? 에로스가 인상을 쓰고 있지만 수학자는 할 수 없이 수학을 합니다.

소수점 아래 자릿수만큼 10, 100, 1000, ……을 곱할 수 있는데 여기서는 0.42에서 소수 둘째 자리까지 나와 있으므로 여기에 맞추어야 합니다. 그래서 각 항에 100을 곱해서 자연수의 연비를 만들고, 각 항을 세 수의 최대공약수로 나누어야 합니다. 수학은 말보다는 수입니다. 계산 과정을 보여 주겠습니다.

$$0.7 : 0.42 : 0.3 = (0.7 \times 100) : (0.42 \times 100) : (0.3 \times 100)$$
$$= 70 : 42 : 30$$

여기서 잠깐! 70과 42와 30의 최대공약수는 2가 됩니다. 최대공약수 구하는 방법은 알고 있지요? 쓰레받기 같은 것으로 세 수를 퍼 담아서 계산하는 것 말입니다. 상상해 보고 안 되면 수학책을 찾아보세요. 한 번쯤 웃을 거예요. 다시 계산해 보겠습니다.

$$(70 \div 2) : (42 \div 2) : (30 \div 2) = 35 : 21 : 15$$

기본적인 연비에 대해 알아볼 건 거의 다 알아보았습니다. 이제 비례배분에 대해 알아보겠습니다.

아프로디테와 에로스는 인간의 나라를 서로 차지하려고 인간을 시켜 전쟁을 벌였습니다. 그들이 전쟁을 일으킨 나라는 15개입니다. 전쟁이 끝난 후 아프로디테와 에로스가 이 나라들을 3:2 의 비로 나누어 가지게 되었습니다. 각각 몇 개씩 가지게 되었을까요? 아프로디테와 에로스의 몫이 각각 전체의 몇 분의 몇인지 수 막대를 이용하여 알아봅시다.

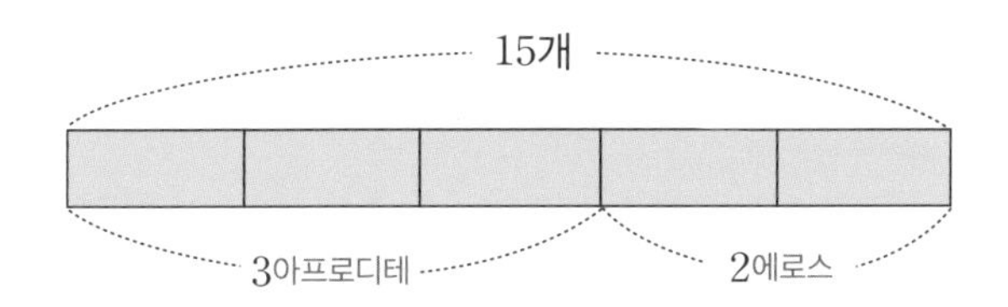

전체를 1로 보았을 때, 아프로디테의 몫은 $\frac{3}{(3+2)}$이 되고,

에로스의 몫은 $\frac{2}{(3+2)}$가 됩니다.

그럼 아프로디테와 에로스는 나라를 각각 몇 개씩 갖게 되는지 구해 보겠습니다.

아프로디테 : $15\times\frac{3}{(3+2)}=9$개 **나라**,

에로스 : $15\times\frac{2}{(3+2)}=6$개 **나라**

이처럼 전체를 주어진 비로 나누는 것을 비례배분이라고 합니다. 비례배분에 대해 입질이 슬슬 옵니까? 수학 용어에서 배倍라는 글자가 들어가면 곱셈을 의미합니다. 배분이란 골고루 곱해 준다는 뜻입니다.

전체를 가 : 나 = ● : ★ 로 비례배분 해 봅시다. 아, 참고로 나는 기호 ●는 '띠'라고 읽고 기호 ★는 '용'이라고 읽습니다. 그럼 두 기호를 붙이면 ●★ ─ 띠용이 됩니다. 여러분도 그렇게 하겠다면 말리지는 않겠어요. 자, 이제 띠용을 비례배분 하겠습니다. 띠용~!

$$가=(전체)\times\frac{띠}{(띠+용)}$$

$$나=(전체)\times\frac{용}{(띠+용)}$$

두 양을 비례배분 할 때에는 먼저 전체에 대하여 각 부분이 차지하는 비율을 구해야 합니다.

알겠죠? 문제 하나 살펴봅시다.

쏙쏙 문제 풀기

가로와 세로의 길이의 비가 $4:5$인 직사각형 모양의 거울이 있습니다. 그 거울의 둘레가 162cm일 때, 거울의 넓이는 몇 cm^2입니까?

먼저 가로와 세로의 길이의 합은 아래의 식으로 알 수 있습니다.

$$\{(\text{가로})+(\text{세로})\}\times 2=162$$

$$(\text{가로})+(\text{세로})=162\div 2=81\text{cm}$$

81cm입니다. 그럼 각각의 길이를 구해 봅시다.

$$(\text{가로}):(\text{세로})=4:5\text{이므로}$$

$$(\text{가로})=81\times\frac{4}{(4+5)}=36\text{cm}$$

$$(\text{세로})=81\times\frac{5}{(4+5)}=45\text{cm}$$

그래서 거울의 넓이는 다음과 같습니다.

$$36 \times 45 = 1620\text{cm}^2$$

이제 연비로 나타내는 비례배분에 대해 공부하겠습니다. 연비는 네 번째 수업에서 공부했다시피 셋 이상의 비를 한꺼번에 나타낸 것입니다. 그럼 두 개의 비는 연비라고 하지 않는다는 소리네요. 알겠죠? 셋 이상의 비입니다. 이제 들어갑니다. 연비로 비례배분을 나타내는 것을 한번 해 봅니다.

무화과 20개를 아프로디테, 에로스, 나, 두 신과 내가 3:2:5로 비례배분 하려고 합니다. 이것을 수 막대를 이용하여 보여주겠습니다.

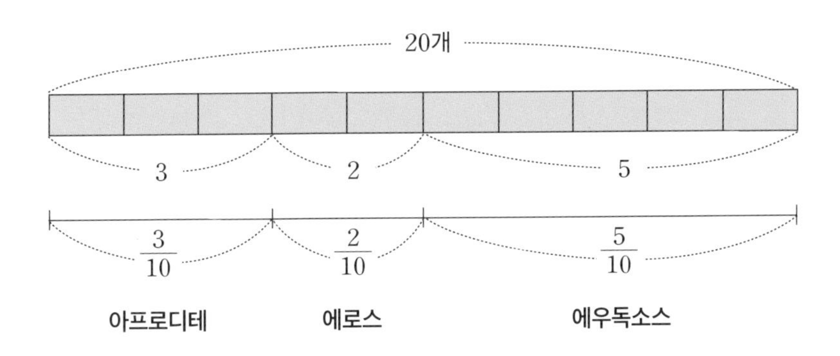

이 그림을 잘 보면 아프로디테, 에로스, 나는 각각 전체의 $\frac{3}{10}$,

$\frac{2}{10}$, $\frac{5}{10}$가 됨을 알 수 있습니다.

그럼 이제 비례배분을 이용하여 구해 내겠습니다. 빨리 무화과를 먹고 싶은 그들의 마음은 이해하지만 잘 알고 먹기 위해 차근차근 계산해 봅시다.

아프로디테는 몇 개 먹을 수 있는지 먼저 알아보겠습니다.

$$20 \times \frac{3}{10} = 6\text{개}$$

6개입니다. 아프로디테는 벌써 먹기 시작했군요. 에로스가 자기 몫도 빨리 계산해 내라며 침을 칠칠 흘리네요. 좀 보기 추합니다. 귀여운 외모의 에로스에 어울리지 않는 모습입니다. 에로스의 것도 계산 들어갑니다.

$$20 \times \frac{2}{10} = 4\text{개}$$

4개입니다. 계산이 끝나기 무섭게 무화과가 에로스의 입 속으로 빨려 들어갑니다. 완전 아귀 같습니다. 내 몫은 비례배분을 하지 않아도 전체에서 둘의 몫을 빼서 알 수 있습니다.

$20-6-4=10$이네요. 그래도 계산을 해 보겠습니다.

$$20\times\frac{5}{10}=10\text{개}$$

빼기로 구한 것이랑 답이 같지요.

이렇게 비례배분을 마치려고 하니까 이런 비례배분을 배워서 어디에 써먹느냐며 에로스가 또 트집을 잡습니다.

그 질문에 대해 나는 이야기를 하나 들려주는 것으로 답을 대신하려 합니다.

옛날 아라비아에 어느 상인이 있었습니다. 그에게는 세 아들과 17마리의 낙타가 있었는데, 그는 다음과 같은 유언을 남기고 죽었습니다.

"큰애는 낙타의 $\frac{1}{2}$을, 둘째는 $\frac{1}{3}$을, 막내는 $\frac{1}{9}$을 갖도록 하라."

이 말을 들은 아들 셋은 고민에 빠졌습니다. 17마리는 2로도, 3으로도 9로도 나누어지지 않기 때문입니다. 이럴 때 연비로 비례배분을 이용하면 쉽게 해결할 수 있습니다.

큰아들 : 둘째 아들 : 막내아들 $=\frac{1}{2}:\frac{1}{3}:\frac{1}{9}$

분모의 공통인 2, 3, 9의 최소공배수 18로 통분하여 다시 나타냅니다.

$$\frac{9}{18} : \frac{6}{18} : \frac{2}{18} = 9 : 6 : 2$$

그래서 17마리의 낙타를 큰아들에게 9마리, 둘째 아들에게 6마리, 막내아들에게 2마리를 나누어 줄 수 있습니다.

큰아들은 낙타를 9마리,
둘째는 6마리,
막내는 2마리를 가지면
됩니다.
하지만 나그네께서는
저희에게 낙타
한 마리를 그냥 주셔도
되시겠습니까?
하하하
9, 6, 2를
더해 보시죠.
9, 6, 2를 더하니
17이네요.
저는 제 낙타를
데리고 가던 길을 마저
가도록 하겠습니다.
안녕
안녕

수업 정리

비례배분이란 전체를 주어진 비에 따라 나누는 것입니다.

정비례와 반비례

정비례와 반비례의
차이는 무엇일까요?

수업 목표

1. 정비례와 반비례에 대해 알아봅니다.
2. 정비례와 반비례를 좌표평면에 나타내 봅니다.

미리 알면 좋아요

1. 정비례 관계식 일차함수의 식에 포함되며, 일차함수의 식에서 y 절편이 0인 상태입니다.

2. 반비례 관계식 고등학생이 되면 분수함수라고 배우게 됩니다.

3. 정비례의 성질 비의 값이 비례상수와 같습니다.

4. 반비례의 성질 곱의 값이 비례상수와 같습니다.

에우독소스의 여섯 번째 수업

이제 정비례와 반비례에 대해 공부하기로 합시다. 정비례와 반비례는 어떠한 관계이기에 같이 붙어 다니는 걸까요. 그림을 보면 아프로디테와 에로스처럼 전혀 딴판이네요.

그럼 이 둘은 어떤 관계를 가지고 있기에 같이 몰려다니는 걸까요? 알아봅시다.

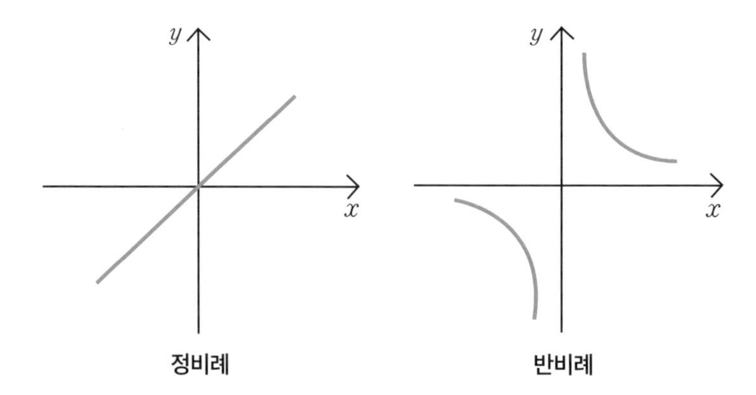

정비례 반비례

두 양 x, y에서 비의 값비가 등장했음이 일정하면 정비례 관계이고, 곱이 일정하면 반비례 관계입니다. 식으로 한번 자세히 살펴봅시다.

$$\frac{y}{x}=a\text{일정}$$

여기서 $\frac{y}{x}$는 비의 값이 되고 a는 일정함을 나타냅니다. 이게 바로 정비례식인데 나중에는 이렇게 변신합니다.

$$\frac{y}{x}=a \Rightarrow y=ax$$

그리고 곱이 일정한 반비례식은 다음과 같습니다.

$$xy = a$$

이 식 역시 변신을 합니다.

$$y = \frac{a}{x}$$

비와 비율을 기초로 정비례와 반비례가 설명됩니다. 더욱더 연마하면 함수 관계까지 발전합니다.

우선 정비례의 뜻을 살펴보겠습니다. 서로 대응하여 변하는 두 양 x, y를 놓고 생각해 봅시다. 없다면 비례가 아닙니다. x가 2배, 3배, 4배, ……로 변함에 따라 y도 2배, 3배, 4배, ……로 변한다면 이 관계를 정비례 관계라고 합니다. 둘 다 비만이 되는 정비례지요.

마침 사랑의 아프로디테가 목욕을 한다기에 내가 물을 받아 주기로 했습니다. 수학자 체면이 말이 아닙니다. 하지만 물 받는 사소한 행위에서도 정비례를 찾아볼 수 있습니다. 물통에 물을 부었을 때, 물의 양과 높이의 변화를 조사해 보겠습니다.

물의 양	0ℓ	1ℓ	2ℓ	3ℓ	4ℓ
물의 높이	0cm	5cm	10cm	15cm	20cm

물의 양이 1ℓ에서 2ℓ로 2배가 되면 높이는 5cm에서 10cm로 2배가 됩니다. 그래서 물의 양이 1ℓ의 2배, 3배, 4배, ……로 되면 물의 높이도 5cm의 2배, 3배, 4배, ……가 되므로 물의 양과 높이는 정비례 관계입니다. 물의 높이가 계속 늘어나서 100cm가 되었을 때 에로스는 물에 빠져 허우적거립니다. 자신의 키가 100cm라고 물에 들어간 것이 잘못입니다. 왜냐면 키의 정수리까지 100cm이니까 당연히 숨을 쉬는 코는 물에 잠기지요.

정비례의 관계식은 정비례하는 두 양 x와 y사이의 관계식을 말합니다. 식으로는 이렇게 됩니다. 여기서 a를 비례상수라고 부릅니다.

$$y = ax$$

정비례의 성질에 대해서도 알아봅시다. 정사각형 한 변의 길이를 $x$cm, 그 둘레를 $y$cm라 하면, 다음과 같습니다.

$x$cm	1	2	3	4	……	x
$y$cm	4	8	12	16	……	y

위에서 x와 y의 관계식은 이렇게 나타낼 수 있습니다.

$$y = 4 \times x$$

이것을 유심히 보며 정사각형 한 변의 길이에 대한 둘레의 비를 알아보면 이렇게 됩니다.

$$4 \div 1 = 4,\ 8 \div 2 = 4,\ 12 \div 3 = 4,\ 16 \div 4 = 4,\ \cdots\cdots$$

어떠한 경우에나 비의 값은 4입니다. 따라서 y가 x에 정비례할 때, 대응하는 x와 y의 비의 값이 항상 일정하다는 것을 알 수 있습니다. 이때 비의 값은 비례상수와 같습니다.

정비례 관계를 나타내는 그래프를 보겠습니다. 그래프라고 하면 어렵게 들리지요. 그래프는 좌표평면에 그려지는 그림입니다.

밑변의 길이가 4cm인 삼각형이 있습니다. 그의 높이를 1cm, 2cm, 3cm, ……로 변화시키면, 삼각형의 넓이는 어떻게 변할까요? 살살 약을 올리면 뿔처럼 뾰족하게 약이 오르겠지요.

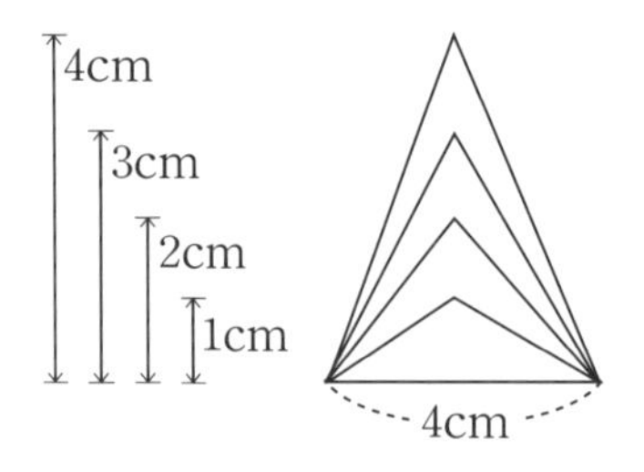

삼각형의 높이를 x라 하고, 넓이를 y라고 하여 대응표를 만들어 봅시다.

$x$cm	1	2	3	4	5	6
$y\text{cm}^2$	2	4	6	8	10	12

위의 표를 제대로 보면 삼각형의 높이가 1cm에서 2cm로 될 때, 넓이는 2cm^2에서 4cm^2로 됩니다. 삼각형의 높이가 1cm의 2배, 3배, 4배, ……가 되면 넓이도 2cm^2의 2배, 3배, 4배, ……가 됩니다. 넓이 y는 높이 x에 정비례합니다.

에우독소스는 어서 자리를 피해 반비례에 대해 설명해야 하겠습니다. 에우독소스가 작대기를 하나 들고 오자 에로스가 공손해집니다. 하지만 에우독소스는 에로스를 치기 위해 막대기를 가지고 온 것이 아닙니다. 반비례를 설명하기 위해 가져온 것입니다. 이 작대기는 지렛대로 사용할 것입니다. 지렛대는 돌 같은 무거운 것을 들어 올릴 때 사용하는 도구입니다.

다음 그림을 자세히 보십시오.

받침점에서부터 힘을 가하는 점까지의 거리가 2배가 되면 가하는 힘은 $\frac{1}{2}$만 되어도 돌을 들어 올릴 수 있습니다. 그리고 거리가 3배가 되면 $\frac{1}{3}$의 힘이 필요합니다. 그래서 받침점에서 힘을 가하는 점까지의 거리 x와 가하는 힘 y의 관계를 반비례 관계라고 말합니다. 반비례란 서로 대응하여 변하는 두 양 x, y가 있을 때 x가 2배, 3배, 4배, ……로 변함에 따라 y가 $\frac{1}{2}$배, $\frac{1}{3}$배, $\frac{1}{4}$배, ……로 변하는 것을 말합니다. 즉 한쪽의 양 x의 값이 정해지면 그에 대응하여 y의 값도 정해집니다. 이러한 x와 y가 서로 대응하는 값의 곱이 일정한 것을 반비례라고 합니다.

반비례 관계식을 좀 더 알아봅시다. 아프로디테가 운동을 하려고 10km를 달리는데, 한 시간 동안에 가는 거리를 $x$km, 걸린 시간을 y시간이라고 합시다. 이 때 x, y의 관계식을 구해 보고 그래프도 그려 봅시다.

$x$km	1	2	4	5	10	거리
yh	10	5	2.5	2	1	시간

이 표가 나타내는 의미는 한 시간에 1km씩 간다면 10km 가는 데 10시간이 걸린다는 소리입니다. 또 한 시간에 2km씩 간다면 10km 가는 데 5시간이 걸린다는 것이고요. 다시 말하면 거리가 1km의 2배가 되면 시간은 10시간의 $\frac{1}{2}$배인 5시간이 됩니다. 따라서 시간 y는 거리 x에 반비례합니다. 그래서 x, y의 관계식은 이렇게 됩니다.

$$x \times y = 10$$

곱해서 일정한 값이 되는 식을 반비례식이라고 부르지요.

마지막으로 반비례의 관계식을 그래프로 보면서 이번 수업을 마칠까요?

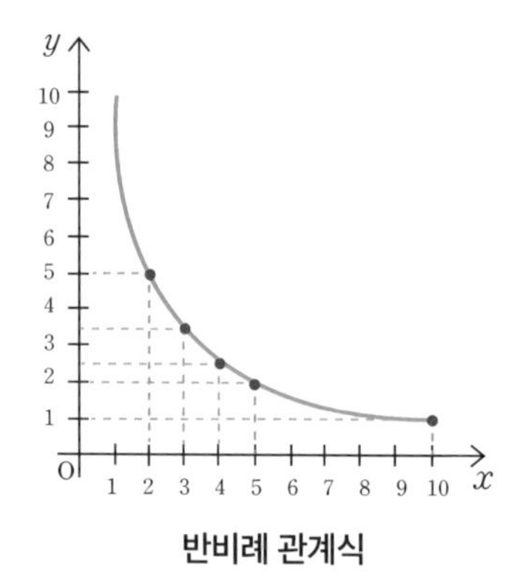

반비례 관계식

수업 정리

❶ 서로 대응하여 변하는 두 양 x, y가 있을 때 x가 2배, 3배, 4배, ……로 변함에 따라 y도 2배, 3배, 4배, …… 로 변하는 관계에 있다면, 두 양 x, y는 서로 정비례 관계입니다.

❷ 서로 대응하여 변하는 두 양 x, y가 있을 때 x가 2배, 3배, 4배, ……로 변함에 따라 y가 $\frac{1}{2}$배, $\frac{1}{3}$배, $\frac{1}{4}$배, ……로 변하는 관계에 있다면, 두 양 x, y는 서로 반비례 관계입니다

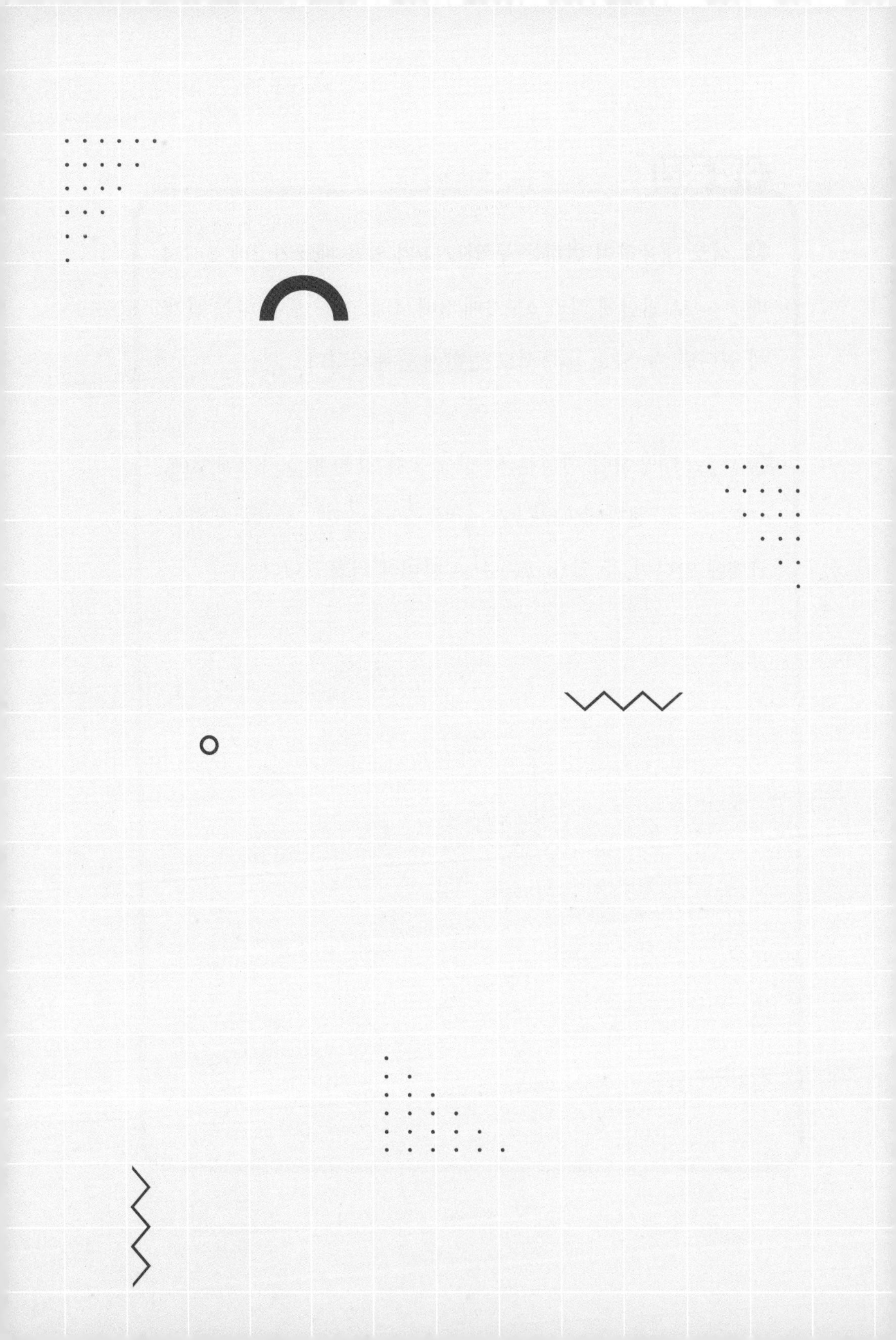

7교시

가비의 리

가비의 리와
비례상수 k에 대해 알아봅시다.

수업 목표

1. 비례식의 성질인 가비의 리를 알아봅니다.
2. 비례상수 k의 역할을 알아봅니다.

미리 알면 좋아요

1. 비례상수 k 비례식에서 일정한 값을 나타냅니다.

2. 비례식의 성질 분수가 등장하므로 분모가 0이 되어서는 안 됩니다.

에우독소스의 일곱 번째 수업

사랑의 여신이여! 오늘은 아프로디테의 비를 따서 가비의 리 加比의 理에 대해 공부하도록 하겠습니다.

우선 비례식의 계산에 대해 알아보아야 합니다. 가비의 리를 배우기 전에 기초 지식을 알고 있어야 하거든요. 이제부터는 영어가 많이 등장하니까 주의 깊게 봐 주세요. 아프로디테와 에로스도 바짝 긴장하고 있네요.

$$a : b = c : d$$

등장한 영어란 것이 별것 아니네요. 단지 알파벳을 말하는 것이니까 너무 걱정하지 마세요. 하지만 수가 나오는 것보다는 좀 더 어려울 겁니다. 중학생이 되면 이렇게 문자들이 등장합니다.

먼저 초등학교 때 배우는 수학 지식을 더듬어 봅시다. 1:2는 $\frac{1}{2}$이 되는 거 기억하지요. 그래서 위 알파벳으로 된 식을 고쳐 보면 아래의 식이 됩니다.

$$a : b = c : d \Leftrightarrow \frac{a}{b} = \frac{c}{d}$$

여기서 다시 대각선으로 곱하면 이렇게 됩니다.

$$ad = bc$$

외항의 곱은 내항의 곱과 같습니다. 이렇게 왔다 갔다 두리번 두리번 다 계산할 수 있어야 합니다. 이제 세 수의 비례식을 계산해 보도록 할게요.

$$a : b : c = d : e : f$$

이 식을 위와 같은 방법으로 생각의 폭을 약간 넓혀 보면 다음과 같이 만들 수 있습니다.

$$\frac{a}{d}=\frac{b}{e}=\frac{c}{f}$$

이 비례식을 계산하는 방법이 있습니다. 비례식에서 비의 값은 일정합니다. 그래야 비례식이 성립하니까요. 일정한 값을 비례상수 k라 하면 다음과 같이 식을 변형시킬 수 있습니다.

$a:b=c:d$를 일차식으로 변신시키면 이렇게 할 수 있습니다.

$$\frac{a}{b}=\frac{c}{d}=k$$

이것을 각각 따로 하면, 다음과 같습니다.

$$a=bk, \quad c=dk$$

문제 하나를 살펴보면 다음 비례식을 비례상수 k를 이용하여 나타낼 수 있습니다. $a:b=3:2$ 일 때, $a=3k$이고 $b=2k$로 둘 수 있다는 소리지요.

마찬가지로 다시 세 수의 비례식도 k로 표현해 봅시다.

$a:b:c=d:e:f$ 를 분수로 고치면 다음과 같습니다.

$$\frac{a}{d}=\frac{b}{e}=\frac{c}{f}=k$$

이 식을 각각 따로 만드는 것은 두 수의 식과 마찬가지 방법으로 가능합니다. 다만 식이 하나 더 있을 뿐입니다.

$$a=dk,\ b=ek,\ c=fk$$

다음 비례식을 비례상수 k를 이용하여 나타내 보겠습니다. 벌써 긴장하시는데 별 거 아닙니다.

$$x:y:z=2:3:4$$

$$x=2k,\ y=3k,\ z=4k$$

풀고 나니 시시하죠. 수학도 알고 나면 시시하게 만들 수 있습니다. 수학은 응용력을 기르는 학문이지요.

그럼 이번엔 $x=2y$라는 식을 $x:y$의 간단한 정수비로 나타내려면, 생각을 여러 번 해야 합니다. 조금 전에 비례식은 두 식의 등식으로 만들 수 있었지요. 기억하고 있죠?

$$a:b=c:d \Leftrightarrow \frac{a}{b}=\frac{c}{d},\ ad=bc$$

자, 이제 $x=2y$라는 식을 $x:y$로 나타내는 데 다시 도전합니다. y 앞에 2가 있듯이 x 앞에도 언제나 1이 생략되어 있답니다. 기억해 두면 중학교 1학년 때 써먹을 수가 있어요. 그래서 이렇게 됩니다.

$$1\times x=2\times y$$

등호에 주목하세요. 등호 = 가 있다는 말은 좌변과 우변이 같다는 뜻입니다. x와 y 자리에 얼마를 넣으면 같아질까요? 그렇습니다. x는 2이고 y는 1입니다. 그래서 $x:y$의 비는 2:1이 되는 겁니다.

$y=\frac{4}{3}x$를 $x:y$로 나타내면 아까와 똑같은 방법으로 y 앞에 생략된 1을 재생시킵니다.

$$1\times y=\frac{4}{3}\times x$$

y와 x에 얼마를 넣어 주면 좌변과 우변이 같아질까요. 그렇습니다. x는 3이고 y는 4지요. 그래서 $x:y$의 비는 3 : 4입니다.

잠깐 좌변과 우변이라는 말이 나왔지요? 용어를 살펴보면 다음과 같습니다.

쏙쏙 이해하기

- 좌변 : 등식에서 등호의 왼쪽 부분
- 우변 : 등식에서 등호의 오른쪽 부분
- 양변 : 등식에서 좌변과 우변을 통틀어 일컫는 말
- 등식 : 등호를 사용하여 두 수 또는 두 식이 같음을 나타내는 식

이제 비례식의 성질에 본격적으로 접근해 보겠습니다.

$a:b=c:d$, 즉 $\frac{a}{b}=\frac{c}{d}$일 때, 다음과 같은 식이 성립합니다.

$$\frac{a+b}{b}=\frac{c+d}{d},\quad \frac{a-b}{b}=\frac{c-d}{d},\quad \frac{a+b}{a-b}=\frac{c+d}{c-d}\ \text{단, 분모}\neq 0$$

위 식들을 차례차례 숨 안 넘어가게 증명해 보이겠습니다.

$\frac{a}{b}=\frac{c}{d}$에서 양변에 1을 더해 봅시다.

$$\frac{a}{b}+1=\frac{c}{d}+1$$

양변에 1을 더해도 식은 성립합니다. 왜냐하면 등식의 성질이 있으니까요. 따라서 다음의 식이 됩니다.

$$\frac{a+b}{b}=\frac{c+d}{d}$$

왜냐고요? 통분시킨 결과입니다. 멍하니 있는 에로스를 위해 자세히 보여 주겠습니다.

$$\frac{a}{b}+1=\frac{c}{d}+1$$

$$\frac{a}{b}+\frac{b}{b}\text{ 1의 변신은 무죄}=\frac{c}{d}+\frac{d}{d}\text{역시 1의 변신은 무죄입니다}$$

이렇게 통분된 상태에서 분자끼리 계산이 됩니다.

$$\frac{a+b}{b}=\frac{c+d}{d}$$

아시겠습니까? 다음 넘어가겠습니다. 이제 양변에서 1을 빼 보겠습니다.

$$\frac{a}{b}-1=\frac{c}{d}-1$$

이것을 위처럼 따라해 보면 이렇게 됩니다.

$$\frac{a-b}{b}=\frac{c-d}{d}$$

이제 엄청난 기술을 보여 주겠습니다. 바로!

$\frac{a+b}{b}=\frac{c+d}{d}$와 $\frac{a-b}{b}=\frac{c-d}{d}$를 섞어서 새로운 것을 만들어 보이겠습니다.

$$\frac{a+b}{b}=\frac{c+d}{d} \cdots\cdots\cdots\cdots\cdots ①$$

$$\frac{a-b}{b}=\frac{c-d}{d} \cdots\cdots\cdots\cdots\cdots ②$$

이렇게 두었을 때 ①에서 ②를 나누어 주면 이렇게 됩니다.

$$\frac{\frac{a+b}{b}}{\frac{a-b}{b}}=\frac{\frac{c+d}{d}}{\frac{c-d}{d}}$$

이렇게 큰 거인 같은 모습을 우리는 번분수繁分數라고 합니다. 번분수란 분모와 분자 자리에 다시 분수가 들어간 아주 큰 놈을 말합니다. 한자로는 번거로움을 뜻하는 번繁 자를 써서 번분수라고 하지만 나는 눈이 번쩍 뜨이게 큰 분수라서 번분수라고 부르고 싶습니다. 번분수 역시 분수이니까 약분을 할 수 있습니다. 분자의 분모와 분모의 분모가 같다면 지워집니다. 좌변의 b와 b가 지워지고 우변의 d와 d가 지워집니다. 그래서 다음과 같이 변합니다.

$$\frac{\frac{a+b}{b}}{\frac{a-b}{b}}=\frac{\frac{c+d}{d}}{\frac{c-d}{d}} \Rightarrow \frac{a+b}{a-b}=\frac{c+d}{c-d}$$

다이어트 성공입니다. 흑흑, 정말 나는 성형하지 않고 운동으로 살을 뺀 것이 맞습니다. 믿어 주세요.

이제 드디어 주인공을 맞이하게 되었습니다.

그 이름하여 가비의 리입니다. 아프로디테와 에로스가 가비의 리 모습을 보며 감탄합니다.

$$\frac{a}{b}=\frac{c}{d}=\frac{e}{f}=\frac{a+c+e}{b+d+f}=\frac{pa+qc+re}{pb+qd+rf}\quad b+d+f\neq0,\ pb+qd+rf\neq0$$

우아! 대단합니다. 온갖 알파벳이 다 등장하는 것 같습니다. 과연 이것을 우리들이 증명해 낼 수 있을까요? 하하, 물론 비례식의 황제인 내가 증명해 보이겠습니다. 먼저 k를 이용해서 아래의 식으로 만들어 두겠습니다. 비례상수 k는 비례식에서는 만능입니다.

$$\frac{a}{b}=\frac{c}{d}=\frac{e}{f}=k$$

이제 k가 a, b, c, d, e, f와 한판 어우러집니다.

$$a=bk,\ c=dk,\ e=fk$$

이 식을 가지고 생각해 봅니다. a, c, e를 더하면 bk, dk, fk를 더할 수 있습니다.

$$a+c+e=(b+d+f)k$$

이제 k만 남겨 두고 식을 정리해 봅니다.

$$k=\frac{a+c+e}{b+d+f} \text{ 단, } b+d+f\neq 0$$

앞에서 $\frac{a}{b}=\frac{c}{d}=\frac{e}{f}=k$가 몽땅 k로 같다고 했지요. 그래서 같은 k가 $\frac{a+c+e}{b+d+f}$와 같으므로 결론을 말하면 이렇게 됩니다.

$$\frac{a}{b}=\frac{c}{d}=\frac{e}{f}=k=\frac{a+c+e}{b+d+f}$$

이제 가운데 k를 빼 버려도 식은 성립합니다.

$$\frac{a}{b}=\frac{c}{d}=\frac{e}{f}=\frac{a+c+e}{b+d+f}$$ 단, 분모가 0이 될 수 없듯이 $b+d+f\neq0$입니다.

또 다음의 식으로도 됩니다.

$$\frac{a}{b}=\frac{c}{d}=\frac{e}{f}=\frac{pa}{pb}=\frac{qc}{qd}=\frac{re}{rf}=\frac{pa+qc+re}{pb+qd+rf}$$ 단, $pb+qd+rf\neq0$

이게 바로 가비의 리라고 합니다. 이 가비의 리를 다룰 때 주의 사항이 있습니다. 마치 가전제품에 사용 설명서가 있듯이 말입니다. 가비의 리를 이용하여 비례식의 값을 구할 경우에는 반드시 분모가 0이 되는 경우와 분모가 0이 되지 않는 경우를 나누어 생각해야 합니다. 이러한 비례식들의 계산은 주로 미지수의 개수가 식의 개수보다 많을 때 모든 문자를 하나의 문자로 나타내어 비의 값을 구합니다. 그럼 분모가 0이 되는 경우와 분모가 0이 되지 않는 경우를 알아보기 위해 문제 하나를 보겠습니다.

$\frac{a+b}{a}=\frac{c+a}{b}=\frac{a+b}{c}=k$일 때, k의 값을 알아낼 수 있습니다. 이 문제는 가비의 리를 이용하여 k를 구할 수 있지요. 앞에서 주의 사항을 이야기 했듯이 분모가 0이 되는 경우와 분모가 0이 되지 않는 경우를 꼭 따져서 풀어야 합니다.

먼저 $a+b+c\neq0$일 때입니다. 분자끼리의 계산에 신경을 쓰면 풀 수 있습니다. 분수식은 언제나 약분이 등장하는 것을 예상하세요.

$$k=\frac{(b+c)+(c+a)+(a+b)}{a+b+c}=\frac{2(a+b+c)}{a+b+c}=2$$

이제 $a+b+c=0$일 때입니다.

$$k=\frac{b+c}{a}=\frac{-a}{a}=-1 \text{ 왜냐하면 } b+c=-a \Leftarrow a+b+c=0$$

전체적으로 생각해 보면 $k=-1$ 또는 2가 됩니다.

이제 아프로디테가 살고 있는 마을에 대해 좀 알아보겠습니다. 물론 이 이야기도 결국은 비례식에 대한 이야기가 될 겁니다.

아프로디테가 살고 있는 마을의 남녀 전체의 평균 나이가 50세입니다. 이 마을의 남자와 여자의 평균 나이가 각각 48세, 53세일 때, 남자의 수와 여자의 수의 비를 구하여 볼까요? 아프로디테는 자신의 마을이므로 식을 구하지 않아도 알고 있으므로 나와 에로스만 이 식을 푸는 데 참여할 겁니다.

에로스, 가자.

남자, 여자가 각각 x명, y명 있다고 하고, 남녀 나이의 합을

x, y의 식으로 각각 나타냅니다. 남자 x명 전체의 나이의 합을 X, 여자 y명 전체의 나이의 합을 Y라 하면 $X=48x, Y=53y$가 됩니다. 이제 남녀 전체 평균 나이가 50인 식을 세웁니다. 남녀 전체의 평균 나이가 50세이므로 다음과 같습니다.

$$\frac{X+Y}{x+y}=\frac{48x+53y}{x+y}=50$$
$$48x+53y=50x+50y, 2x=3y$$

위의 식에서 $x:y$를 구해 봅니다. $x:y=3:2$입니다.

자, 이번에도 신들의 이야기를 해보겠습니다.

옛날 제우스가 세상을 다스리기 전에는 티탄이라는 거인들이 세상을 다스렸습니다. 당시에는 어둠이 지배하는 혼돈의 시간이었지요. 하지만 제우스라는 신이 전쟁을 일으켜서 세상의 지배권을 장악하게 됩니다. 그래서 하늘과 땅의 지배권은 제우스가 가지게 되고 어둠의 땅속 지배권은 거인들이 가지게 됩니다.

자, 여기서 비례식을 만들어 보겠습니다. 신들은 하늘에 많이 살고 있고, 거인들은 어둠의 땅속에 살며 지배권을 가지고 있습니다. 전체에 대한 어둠의 지배권을 지표로 나타내면 다음과 같습니다.

$$(\text{어둠의 지배권})=\frac{(\text{거인들의 수})}{(\text{신들의 수}+\text{거인들의 수})}\times 100\%$$

지난번 전쟁 결과 어둠의 지배권은 20%였고, 이번 전투 결과 어둠의 지배권을 알아본 결과 지난번에 비해 신들의 수는 $\frac{1}{2}$배, 거인들의 수는 2배가 되었다고 합니다. 그럼 이번 전투 이후의 어둠의 지배권은 몇 %인가요?

지난번 신들의 수를 a, 거인들의 수를 b라 하면 다음과 같습니다.

$$\frac{b}{a+b}\times 100=20$$

$$100b=20(a+b)$$

$$a=4b$$

이번 신들의 수는 $\frac{1}{2}a=2b$, 거인들의 수는 $2b$이므로

$$\frac{2b}{2b+2b}\times 100=50\%$$

어둠의 지배권이 50%가 된 것은 두 세력의 균형이 반반으로 팽팽해 졌다는 말입니다. 우리로서는 이 균형이 깨지지 않고 계속 유지되기를 바라는 마음뿐입니다. 이번 수업은 여기서 마치겠습니다.

수업 정리

가비의 리

$$\frac{a}{b}=\frac{c}{d}=\frac{e}{f}=\frac{a+c+e}{b+d+f}=\frac{pa+qc+re}{pb+qd+rf}$$

단, $b+d+f\neq0$, $pb+qd+rf\neq0$

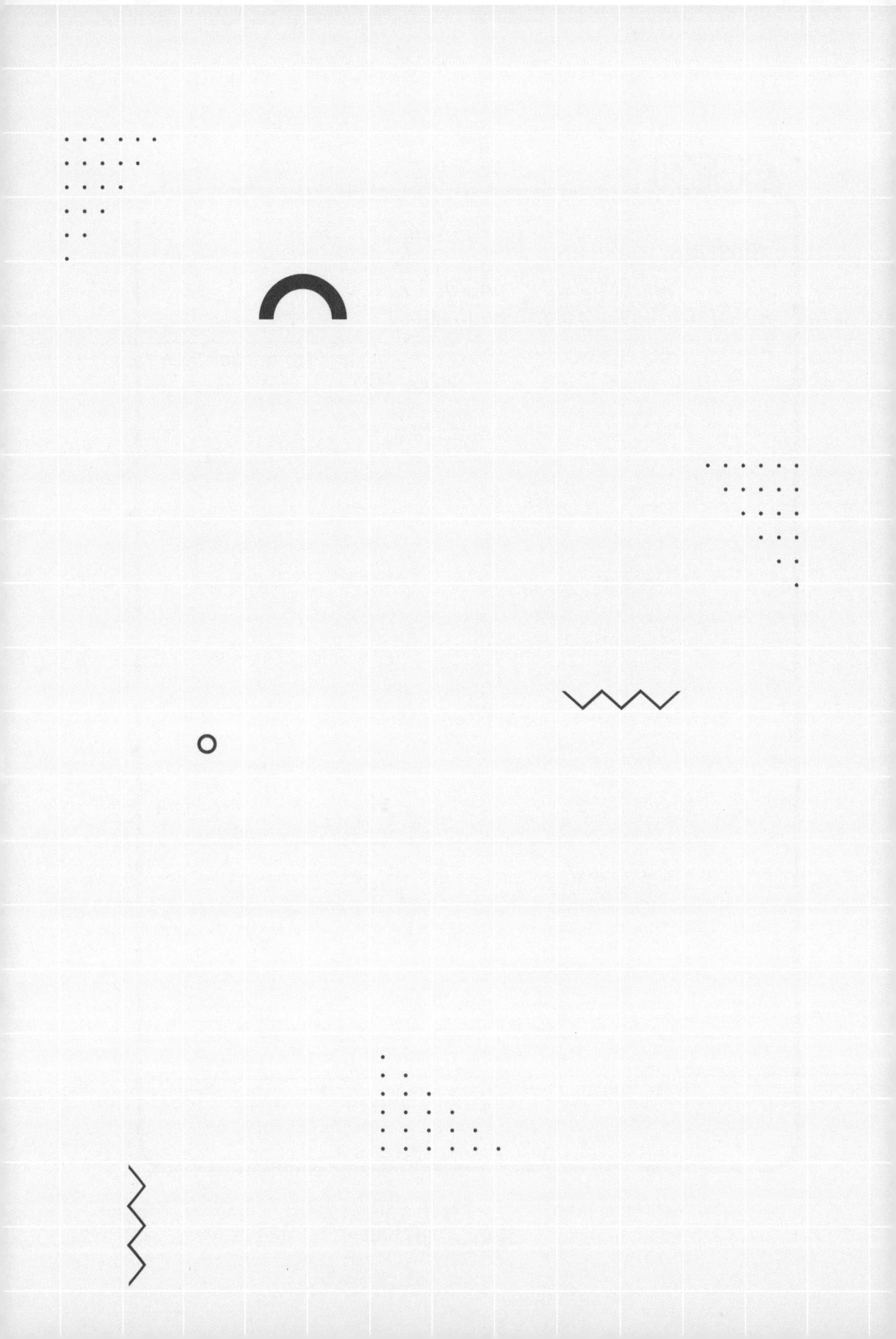

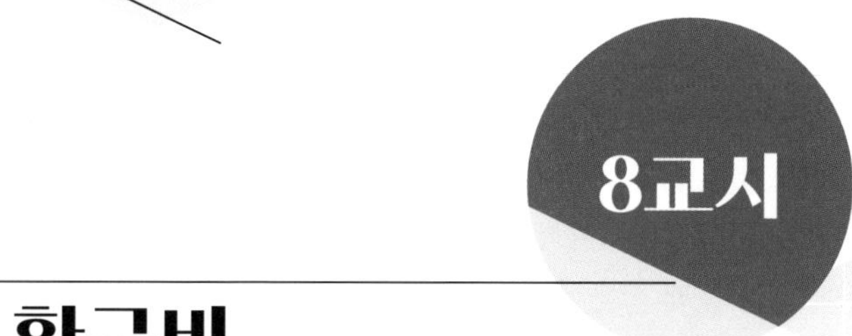

8교시

황금비

황금비와 피보나치 수열에
대해 배워 봅시다.

수업 목표

1. 황금분할을 나타내는 황금비에 대해 알아봅니다.

미리 알면 좋아요

1. 비례중항 비례식에서 내항끼리 같은 것을 비례중항이라 합니다.

2. 피보나치 수열 1, 1, 2, 3, 5, 8, 13, 21, 34, 55, …… 이런 식으로 계속 나아가는 수열입니다. 규칙은 '앞의 수+뒤의 수'의 값들을 나열하는 것입니다. 첫째 항과 둘째 항을 더하면 1+1=2이므로 셋째 항에 2가 옵니다. 이어서 1+2는 3, 3+5는 8, 5+8은 13. 이런 식으로 나아갑니다.

에우독소스의 여덟 번째 수업

에로스와 그림을 한 점 보고 있습니다. 그림의 제목은 〈아프로디테의 탄생〉입니다. 미의 여신 아프로디테가 조개껍데기 위에 서 있는 그림입니다.

어떤 사람들은 '아프로디테의 탄생' 속의 조개가 어떤 조개일까? 궁금해하기도 합니다. 피조개라고 말하는 사람도 있고 가리비 껍데기라고 말하는 사람도 있습니다. 방사형으로 뻗은 껍데기의 굴곡과 문양은 가리비와 비슷합니다. 또 간격으로 보면 피조개와 비슷하다고도 합니다. 나는 그 조개의 간격을 보고 황금비나 피보나치 수열이 떠오릅니다. 정말 사람들은 자기 하는 일에 따라 생각하는 방향이 다른 것 같습니다. 수학자인 내 몸의 피에는 수들이 흐르고 있을지도 모르겠습니다.

아프로디테의 탄생

그리고 아프로디테의 몸매를 보면서 황금비라는 비를 생각하게 됩니다. 고대 그리스인은 인체의 부분과 전체는 황금비를 이루고 있다는 사실을 알고 있었습니다. 즉, 머리에서 배꼽까지의 길이와 몸 전체의 길이는 황금비를 이룹니다. 머리에서 배꼽까지의 길이를 1로 두면 머리에서 배꼽까지와 몸 전체의 길

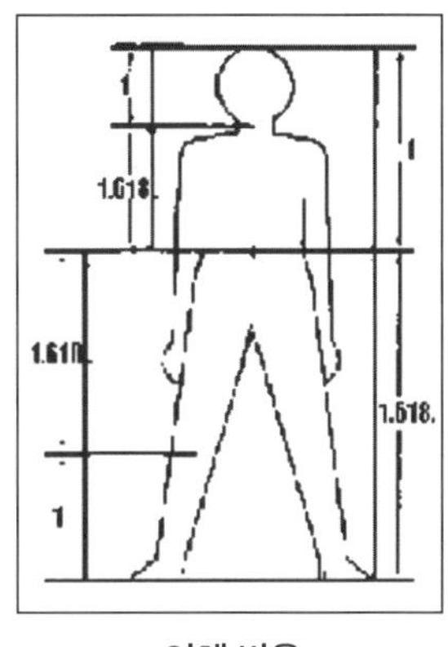

인체 비율

이의 비는 1:1.618로 나타납니다. 신기합니다. 그리고 머리와 머리에서 배꼽까지의 길이의 비도 1:1.618입니다. 밑으로는 발바닥에서 무릎까지와 발바닥에서 배꼽까지의 비도 1:1.618입니다.

지금 책을 잡고 있는 손 있지요? 이 손가락의 길이에도 황금비가 들어 있습니다. 손가락 뼈마디의 길이도 연속적으로 황금비가 됩니다. 즉, 아래 그림에서 $a:b$, $b:c$, $c:d$가 모두 같은 값으로 황금비를 이룹니다.

여 자신의 코를 파고 있습니다. 황금비가 방금 에로스의 콧속으로 들어갔습니다. 아름다운 황금비가 말입니다. 1:1.618에서 1 부분에 해당되는 것이 다 들어가 버렸습니다.

〈아프로디테의 탄생〉에서 봤던 그 가리비나 피조개랑은 다르지만 앵무조개에서도, 조개의 나선형 구조에서도 황금비를 찾을 수 있습니다. 나선형 구조를 가지고 있는 앵무조개를 보겠습니다.

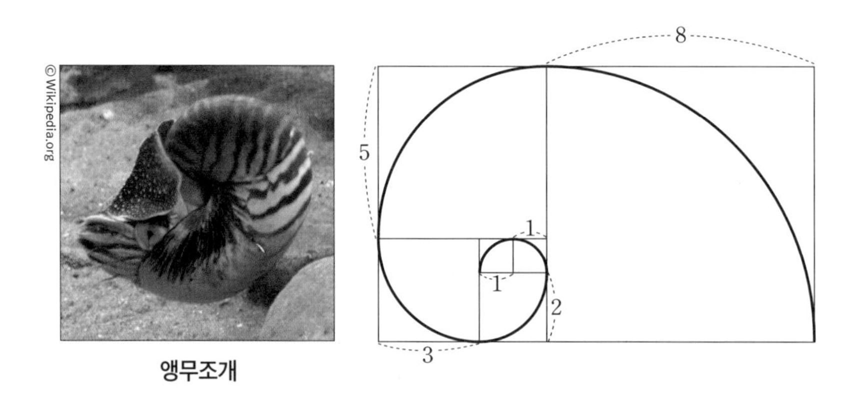

앵무조개

이러한 비율을 황금비라고 처음으로 말한 수학자가 바로 나입니다. 모두들 존경의 눈으로 봐 주시기 바랍니다.

'프라 르카 파티오', 다시 말해 '신성한 비례'라는 뜻입니다.

신에 의해 주어진 비법이라는 뜻으로, 오로지 신만을 찬양해야 했던 중세 사람들은 이 비를 신의 의지로 생각하였습니다.

황금은 예로부터 시간이 지나도 변하지 않는 찬란함과 아름다움의 상징이 되어 왔습니다. 그래서 사람들이 자연 속에서 찾아낸 황금비 역시 황금과 같이 변하지 않는 성질을 가지고 있다는 점에서 공통점을 발견했습니다. 우리가 흔히 사용하는 명함이나 신용 카드의 가로·세로의 비가 황금비를 이용하여 만든 사각형입니다. 그 비율로 만드는 것이 가장 안정적이고 아름다운 비율이기 때문입니다.

이러한 비로 분할을 하는 것을 황금분할이라고 말합니다. 황금분할이란 어떤 선분을 둘로 자를 때, 작은 것과 큰 것의 비가 큰 것과 전체의 비와 같도록 자르는 것을 말합니다. 식으로 나타내면 아래와 같습니다.

$$(\text{작은 것}) : (\text{큰 것}) = (\text{큰 것}) : (\text{전체})$$

내항끼리 같은 것은 비례중항이 된 것입니다. 비례중항은 다음과 같이 풀 수 있습니다.

$$(\text{큰 것})^2 = (\text{작은 것}) \times (\text{전체})$$

따라서 (작은 것), (큰 것), (전체)가 등비수열을 이루며 일정한 비율로 증가하는 것입니다. 그렇기 때문에 비례중항이 될 수 있는 것입니다.

등비수열이라는 어려운 말이 나왔으니 알고 가야지요. 등비수열이란 어떤 수에 차례로 일정한 수를 곱하여 얻어지는 수열을 말합니다. 예를 들어 2, 4, 8, 16, ……, 이 수열은 2가 차례로 곱해져 있지요.

황금비를 구하기 위해 작은 것, 큰 것의 길이를 각각 1, x라 하면

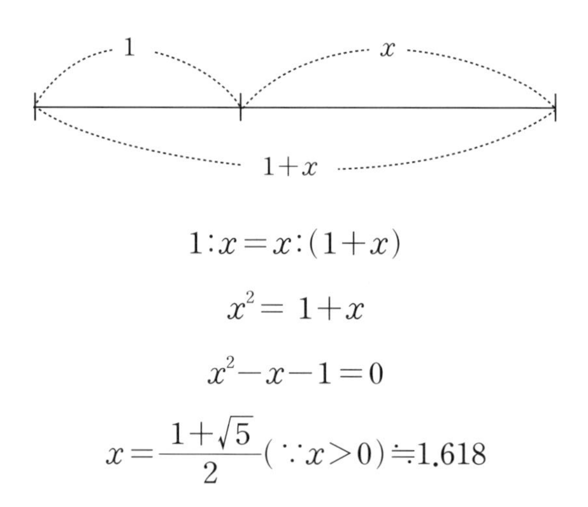

$$1 : x = x : (1+x)$$

$$x^2 = 1 + x$$

$$x^2 - x - 1 = 0$$

$$x = \frac{1+\sqrt{5}}{2} \quad (\because x > 0) \fallingdotseq 1.618$$

계산하는 방법은 중학교 3학년이 되어야 알 수 있지만 눈으로 보니까 결과가 1.618이라는 것은 보이지요. 황금비가 나온 것입니다. 황금비는 1:1.618입니다. 황금비는 고대 그리스 시대부터 현대에 이르기까지 그 영향을 미치고 있습니다.

파르테논 신전Parthenon 神殿

황금비가 적용된 사례를 더 알아봅시다. 그리스 파르테논 신전을 보면 정면의 폭과 높이$a:b$의 비율이 바로 황금비를 활용한 경우입니다.

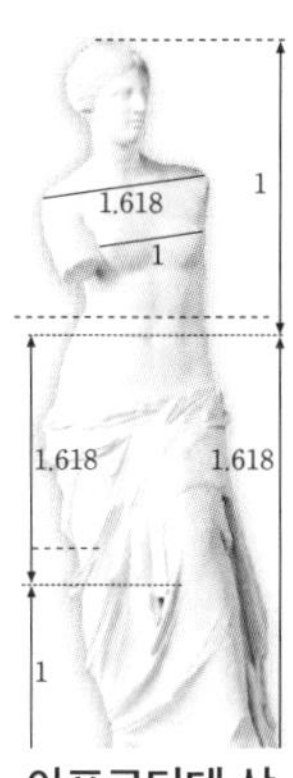

아프로디테 상

밀로의 아프로디테상도 여러 부분에 황금비가 담겨 있습니다. 앞에서도 말했듯이 배꼽을 기준으로 상반신과 하반신의 비가 1:1.618이고, 상반신만 놓고 보면 머리끝에서 목까지와, 목에서 배꼽까지의 길이의 비가 역시 황금비입니다. 하반신에서는 발끝부터 무릎까지와 무릎부터 배꼽까지 길이의 비가 1:1.618이지요.

피라미드에서도 황금비를 발견할 수 있습니다. 고대 이집트인들은 일정한 간격으로 매듭이 있는 줄을 가지고 길이의 비가 3:4:5인 직각삼각형을 만들었고, 이를 피라미드와 신전 등의 각종 건축물에 사용했다고 합니다. 여기서 길이의 비가 3:4:5인 직각삼각형에서 최단 선분과 최장 선분의 비는 3:5로 황금비에 가깝다는 사실을 알 수 있습니다.

고대 그리스 수학의 대명사인 피타고라스는 자신이 세운 학교의 상징을 황금 비율로 그려진 별 모양으로 삼았으며, 자화상의 오른손에 피라미드황금분할이 적용된 확실한 예를 그려 넣고 '우주의 비밀The Secret of the Universe'이라는 문장을 새겨 넣었습니

다. 그렇게 함으로써 그는 황금분할이 우주의 비밀을 푸는 열쇠라는 사실을 보여 주려 했으며 황금분할의 발견을 인생의 가장 큰 업적으로 남기려고 했습니다.

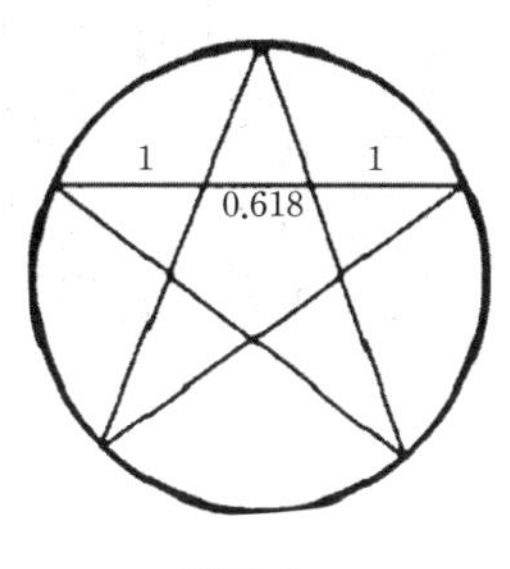

황금비별

신기하게도 인간만이 황금비를 아름답게 느끼는 것은 아닙니다. 식물의 성장에도 황금비의 규칙에 따라 나뭇가지가 자라납니다. 가지의 숫자가 피보나치 수열1, 1, 2, 3, 5, 8, 13, ……에 따라 늘어나고, 주변에 보이는 꽃의 잎을 세어 보면 거의가 3장, 5장, 8장, 13장, ……으로 되어 있음도 알 수 있습니다. 백합과 붓꽃이 3장이고 채송화, 패랭이, 동백, 야생 장미는 5장입니다. 모란과 코스모스는 8장, 금불초와 금잔화는 13장입니다. 애스터와 치커리가 21장, 질경이와 데이지는 34장, 쑥부쟁이는 종류에 따라 55장과 89장입니다. 이처럼 잎차례가 피보나치 수열을 따르는 것은 바로 위의 잎에 가려지지 않고 햇빛을 최대한 받을 수 있는 수학적 해법이기 때문입니다.

백합 1장 / 타이거베고니아 2장 / 연령초 3장

노랑제비꽃 5장 / 코스모스 8장 / 데이지 34장

그리고 인간의 심장 박동이 황금비의 리듬에 따르고 있어, 심장이 건강한지 확인할 때에도 이용된다고 합니다. 유전자 구조인 이중 나선 모양도 황금비와 거의 일치하는 비율입니다. 인체의 손가락 뼈, 얼굴 윤곽도 황금비가 나타나기 때문에 제복 등에도 황금비가 이용됩니다.

창문, 책, 십자가, 엽서 등의 가로와 세로의 비도 황금비고요. 피라미드 바닥면의 한 변의 길이와 높이, 시드니의 오페라 하우스, 파리의 개선문, 스핑크스 등에도 황금비가 있습니다. 또 경주의 석굴암 불상에도 있습니다. 계란의 가로 세로 비율, 초식 동물의 뿔에도 있습니다.

피라미드에 황금비가 적용된 것으로 미루어 보아 인류가 황금분할의 개념과 효용 가치를 안 것은 그 이전부터일 것이라는 추측이 가능합니다. 이집트인들이 발견한 황금분할의 개념과 효용 가치는 그 뒤 그리스로 전해져 그리스의 조각, 회화, 건축 등에 철저히 적용되었습니다. 그래서 황금분할Golden Section 또는 황금 비율Golden Ration이라는 명칭을 그리스의 수학자인 내가 붙이게 됩니다. 하하! 황금 비율을 나타내는 파이ϕ, 1.6781도 이 비율을 조각에 이용하였던 페이디아스의 그리스어 머리글자에서 따왔습니다.

페이디아스에 대해 잠시 말하고 이번 수업도 접겠습니다. 페이디아스는 그리스 최고의 조각가입니다. 그의 대표적 작품은 다이애나 신상입니다. 이 조각품은 거대함으로도 유명합니다. 지상 30m 높이에 세워진 작품이니까요. 하지만 이 작품은 섬세함으로도 감탄과 탄성을 지르게 합니다. 그에 관한 일화가 있습니다.

페이디아스가 다이애나 신상을 만들고 있을 때의 일입니다.

일반 사람들이 보기에는 다 완성된 것 같은데, 페이디아스는 아직도 멀었다는 듯이 조각 뒷부분의 머리카락 한 올 한 올을 정성스럽게 다듬고 있었습니다. 그 모습을 지켜보던 제자 중 한 사람이 답답한 나머지 물었습니다.

"선생님, 예술도 현실적이어야 하지 않겠습니까? 조각은 사람들에게 보이고자 하는 것인데 30m 위에 세워질 조각의 머리 뒷부분에 있는 머리카락을 누가 본다고 그렇게 시간을 소비하십니까?"

그러자 페이디아스가 조용히 대답했습니다.

"첫 번째는 내가 보고, 두 번째는 역사가 평가하기 때문이네."

정말 본받을 만하지 않습니까? 나와 같은 나라의 조각가입니다. 감사합니다.

수업 정리

황금은 예로부터 시간이 지나도 변하지 않는 찬란함과 아름다움의 상징이 되어 왔습니다. 사람들은 자연 속에서 처음 찾아낸 황금비 역시 황금과 같이 변하지 않는 성질을 가지고 있다는 점에서 공통점을 발견했습니다.

9교시

피라미드의 높이 측정과 비례식

비례식을
활용하여 봅시다.

수업 목표

1. 비례식을 이용하여 피라미드의 높이를 측정하는 법을 알아봅니다.

미리 알면 좋아요

1. 탈레스 그리스 최초의 철학자입니다. 7현인의 제1인자로 꼽히고 있으며 밀레투스학파의 시조이기도 합니다. 만물의 근원을 추구한 철학의 창시자인데, 그 근원은 물이라고 보았고, 생명을 위해서는 물이 반드시 필요하다고 했습니다. 변화하는 만물에 일관하는 본질적인 것에 관하여 연구한 데에 공적이 있습니다.

2. 에라토스테네스 그리스의 수학자, 천문학자, 지리학자입니다. 에라토스테네스의 체코스키콘를 고안하여 소수를 발견하는 방법으로 삼았고, 해시계를 이용하여 지구 둘레의 길이를 처음으로 계산한 최초의 학자입니다. 또 역사상 최초로 지리상의 위치를 위도와 경도로 표시한 것으로 알려져 있습니다.

에우독소스의 아홉 번째 수업

물! 물! 작렬하는 태양. 가도 가도 끝이 없는 사막. 앞에 가고 있는 낙타들이 바늘구멍으로 들어가고 있습니다. 너무 더워 헛것이 보이는 사막에 아프로디테, 에로스, 에우독소스가 와 있습니다.

왜 여기에 왔을까요? 다 여러분에게 비례식을 가르치기 위해서입니다. 우리가 와 있는 곳은 이집트입니다. 저기 보이는 것이 바로 그 유명한 피라미드이고요.

피라미드는 4각형 토대에 측면은 3각형을 이루도록 돌이나 벽돌을 쌓아 올려 한 정점에서 만나도록 만들어져 있습니다. 고대 이집트에서 국왕·왕족들의 무덤으로 만들어진, 큰 돌을 사각뿔 모양으로 쌓아 올린 거대한 건축물이지요.

피라미드

에로스가 거대한 피라미드를 쳐다보면서 저렇게 높은 건축물도 높이를 잴 수 있을까 물어보네요. 하하! 나는 저 피라미드의 높이를 쉽게 잴 수가 있지요. 왜냐하면 나는 수학자이면서 탈레스에 대해 잘 알고 있기 때문이지요. 피라미드와 탈레스는 무슨 상관이 있을까요? 여러분을 위해 탈레스에 대한 유명한 일화를 하나 들려주겠습니다.

옛날에 이집트 왕 아마시스가 신하를 데리고 피라미드를 구경하러 갔습니다. 그런데 왕이 갑자기 말했습니다.

"누가 저 피라미드의 높이를 한번 재 봐라."

제법 똑똑한 신하를 데리고 갔지만 전부 꿀 먹은 벙어리 행세를 하는 것입니다. 어떻게 그렇게 높은 피라미드의 높이를 재겠습니까? 직접 재다가 떨어지면 허리가 부러지든지 아니면 하늘나라로 가는데 말입니다. 피라미드는 경사가 져 있어서 더더욱 높이를 재기가 곤란해 보였습니다. 이때 그 이름도 유명한 우리의 수학자 탈레스가 마치 영화배우처럼 등장합니다.

"제가 저 피라미드의 높이를 재어 보겠습니다."

왕을 비롯하여 모든 신하들이 놀라워했습니다. 하지만 나는 놀랍지 않습니다. 왜냐고요? 나는 이 이야기를 알고 있으니까요. 하하!

탈레스가 가지고 등장한 소품이 있었습니다. 그것은《삼국지》의 관우가 쓰던 청룡 언월도도 아니고 손오공이 쓰던 여의봉도 아니었습니다. 단지 목재소나 야산에서 흔히 구할 수 있는 1m짜리 막대 하나였습니다. 탈레스는 이 막대 하나를 달랑 들고 피라미드의 높이를 재겠다고 했습니다. 모두들 침을 꼴깍 삼키며 탈레스를 지켜보고 있습니다. 탈레스가 태양을 막대기로 가리키더니 말없이 피라미드 옆에 막대기를 꽂아 둡니다.

탈레스의 생각은 다음과 같았습니다. 태양 광선은 평행이니까 지면에 수직으로 세운 것의 높이와 그림자의 길이는 일정한 비를 이룬다는 사실을 이용하는 것입니다.

이해가 안 되나요? 그림으로 나타내 보겠습니다. 다음 그림을 보세요.

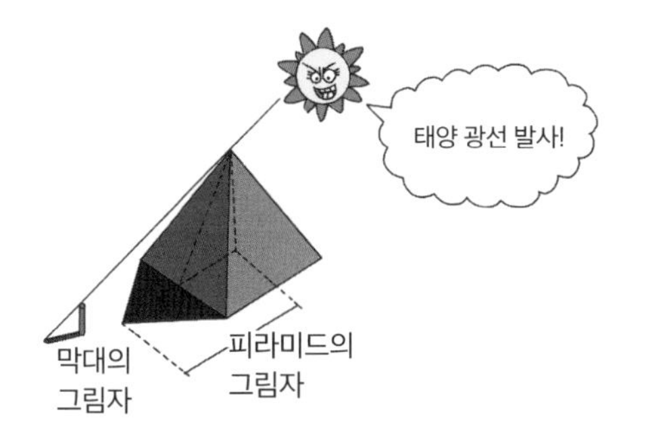

쏙쏙 이해하기

막대의 높이 : 막대의 그림자의 길이

= 피라미드의 높이 : 피라미드의 그림자의 길이

위의 식은 일정하답니다.

이 식을 이용하여 탈레스는 피라미드의 높이를 쉽게 알아냈습니다. 정말 탈레스의 수학적 두뇌를 보니 아마 모유를 많이 먹고 자랐거나 어릴 적에 음식을 골고루 섭취한 것 같습니다.

이처럼 훌륭한 뇌를 가진 수학자가 한 사람 더 있습니다. 그의 이름은 에라토스테네스입니다. 그는 지구의 둘레를 측정할 정도였습니다. 에라토스테네스는 시에네라는 도시가 알렉산드리아라는 도시와 같은 자오선 위에 있는 데다가 북회귀선 안에 있다고 생각을 했습니다. 건강한 뇌가 아니고선 이런 생각 아무나 못 합니다. 따라서 하짓날 정오, 북회귀선 상에 있는 시에네에서 태양은 천정지구 위의 관측점에서 직선을 위쪽으로 연장하여 천구와 만나는 점에 있습니다. 제법 말이 어렵습니다만 인터넷 검색을 활용해 보세요. 이왕 찾는 거 자오선, 북회귀선도 찾아보세요. 달리 말하면 깊은 우물의 수면에 태양이 비친다는 것을 관찰할 정도로 섬세한 두뇌의 소유자 에라토스테네스, 정말 좋은 두뇌를 가진 것 같습니다. 같은 시각, 발 빠른 하인을 시켜 알렉산드리아에 있는 높은 탑에 닿은 태양 광선의 기울기를 알아보게 하였지요.

"주인님, 태양 광선의 기울기는 7.2°입니다. 확실합니다요."

"좋았어, 집에 가서 쉬면서 떡을 먹어도 좋아."

쌩하니 집으로 가는 하인, 에라토스테네스는 그림을 하나 그립니다.

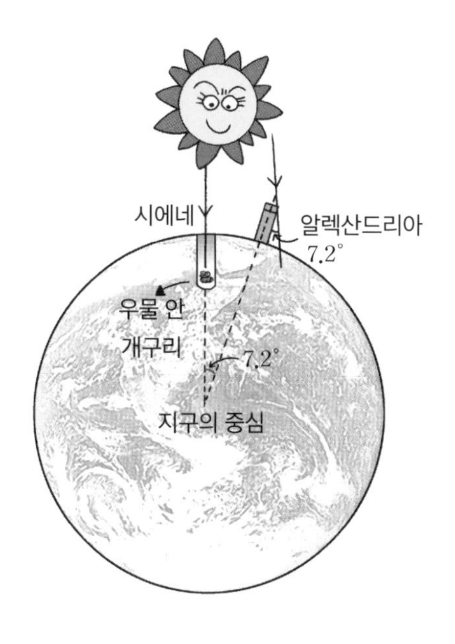

에라토스테네스는 이것을 이용하여 다음과 같은 식을 세웠습니다. 이 식 역시 비례식의 참맛을 느끼게 합니다. 이 식을 세울 때가 엊그제 같았는데 참 세월 빠릅니다. 여러분들도 하루하루 게으르지 않게 살아가세요. 나는 이 비례식의 깊은 맛을 내기 위해 청춘을 다 바쳤습니다. 여러분도 하루하루 부지런하게 살아갑시다.

$$7.2^\circ : 800 = 360^\circ : x$$

$$x = \frac{800 \times 360}{7.2} = 40000$$

그래서 계산된 결과는 4만km입니다. 2300년 전에 계산한 이 수치는 오늘날 측정한 수치와 비교하여 상당히 정확합니다. 대단합니다. 너무 대단해서 여기서 수업을 마치겠습니다. 밑에 그림 하나 더 있으니 보고 상상해 봅시다.

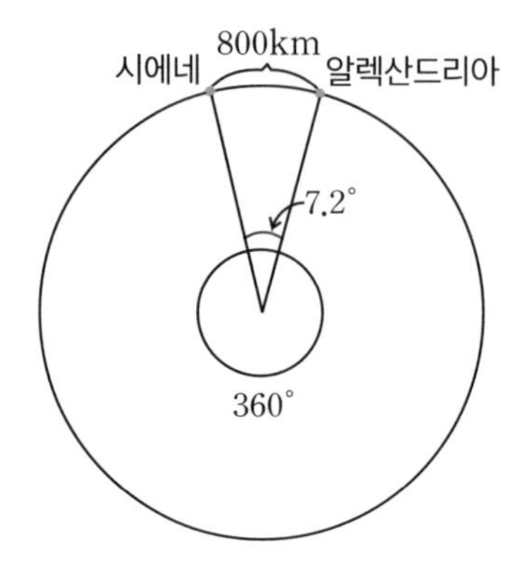

수업 정리

❶ 탈레스의 피라미드 높이 재는 방법

막대의 높이 : 막대의 그림자의 길이

=피라미드의 높이 : 피라미드의 그림자의 길이

위의 식은 시각적으로 일정합니다. 위 식을 이용하여 탈레스는 피라미드의 높이를 쉽게 알아냅니다.

❷ 에라토스테네스의 지구 둘레 재기

$7.2° : 800 = 360° : x$

$x = \frac{800 \times 360}{7.2} = 40000$

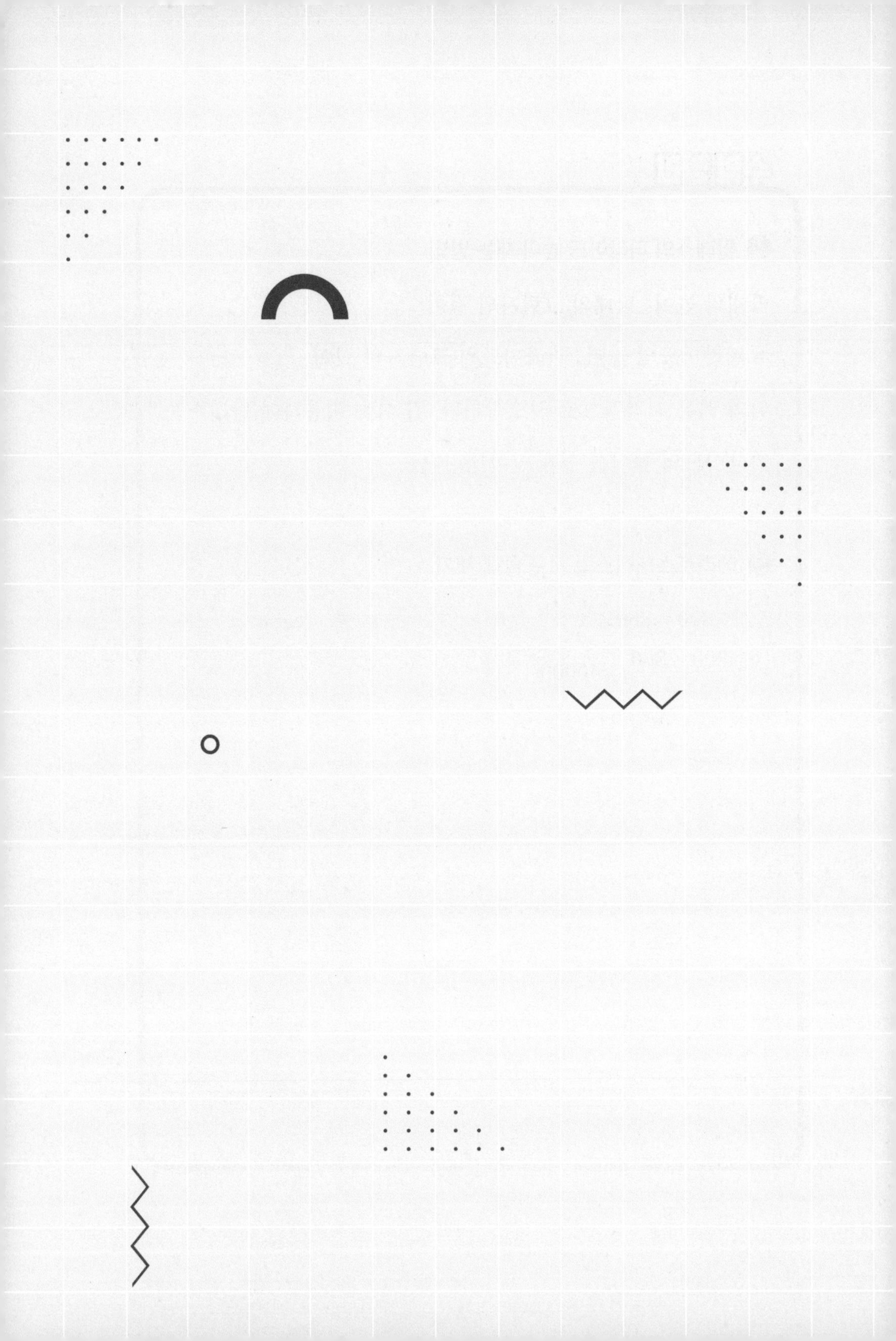

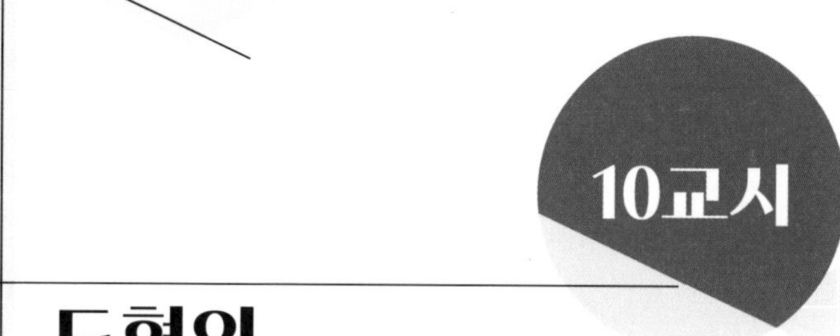

도형의 닮음과 비

도형의 닮음과 비에
대해 알아봅시다.

수업 목표

1. 도형의 닮음비에 대해 알아봅니다.

미리 알면 좋아요

1. 닮음비 대응변의 비가 모두 같을 때, 두 도형의 변은 비례 관계에 있다고 합니다. 이때 그 비의 값을 닮음비라고 합니다.

2. 피타고라스 피타고라스학파의 철학은 정수가 만물의 근원이라는 가정 위에서 세워졌습니다. 여기에서 수의 성질에 대한 찬미와 연구가 시작되었고 기하학, 음악, 천문학과 더불어수론으로 생각되는 산술이 피타고라스학파의 연구에서 기초가 되었습니다.

에우독소스의 열 번째 수업

큰 정삼각형과 작은 정삼각형이 지나가는 것을 보며 에로스가 말했습니다.

"와, 삼각형이 합동이구나."

우리 에로스가 뭘 잘못 말했는지 여러분은 아시겠습니까? 그렇습니다. 크고 작은 정삼각형은 닮았다고 말해야 합니다. 합동이란 모양과 크기가 똑같은 두 도형에 쓸 수 있는 말입니다. 크고 작은 정삼각형은 모양은 같으나 크기가 다르니까 닮았다고 하는 것이 맞습니다. 아빠와 아들은 닮았다고 해야지 합동이라고 하면 안 되지요. 왜냐하면 아빠와 아들은 크기가 다르니까요. 생김새와 모양이 닮았기 때문에 아빠와 아들이 비슷하면 닮았다고 말합니다.

아빠와 아들을 예로 들어 닮음비에 대해 알아보도록 하겠습니다. 닮음비라는 것은 두 닮은 도형에서 대응하는 변의 길이의 비를 말합니다.

여기서 대응이라는 말이 나왔네요. 그 뜻을 알아볼까요? 아빠의 팔의 길이와 아들의 팔의 길이를 비교해 봅시다. 이처럼 같은 부위를 비교하는 것을 대응이라고 할 수 있습니다. 아빠의 몸길이와 아들의 몸길이를 비교하는데 팔과 다리를 비교해서는 공평한 비교가 아니겠지요. 이처럼 팔은 팔끼리 다리는 다리끼리 비교하는 것이 대응입니다. 이제 대응이라는 말의 뜻을 이해하겠지요?

그럼 두 닮은 도형에서 대응하는 변의 길이의 비는 일정하다는 것을 그림으로 설명하면서 비례식이 성립하는 것을 보여 주겠습니다. 대응하는 각에 대해서는 삼각형을 배울 때 알게 될 겁니다. 비례의 몫이 아니므로 여기서는 그만두겠습니다. 하지만 아래의 그림은 알아 두세요.

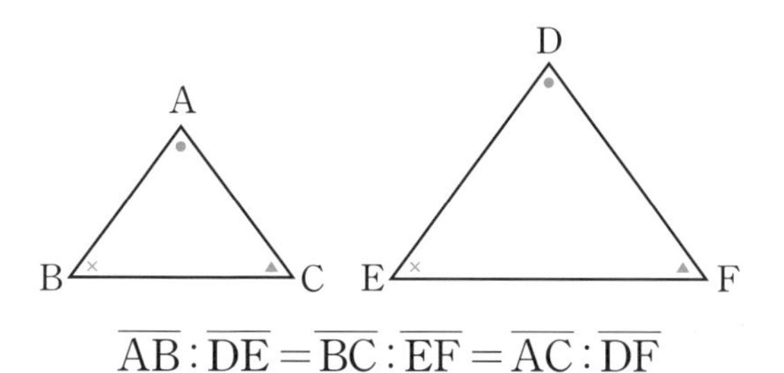

$$\overline{AB}:\overline{DE}=\overline{BC}:\overline{EF}=\overline{AC}:\overline{DF}$$

$$\triangle ABC \backsim \triangle DEF$$

그림에서도 알 수 있듯이 반드시 대응하는 변이 되어야 하고, 그럼 두 삼각형의 대응변 길이의 닮음비는 다 똑같다는 소리입니다. 닮음비에 비례식이 성립하는 겁니다. 이처럼 비례식이 도형의 닮음을 이해하는 데도 한몫한다는 것을 알 수 있겠지요?

그리고 앞에서 배웠듯이 닮음비는 가장 간단한 자연수의 비로 나타내야 합니다. 앞에서 연습 많이 했지요. 중학교 2학년이 되어 닮은 도형에서 이런 문제가 나오면 실력을 발휘하세요.

아참! 재미난 이야기가 하나 떠올랐습니다. 무엇인가 하니 기호 ∽를 닮음 기호라고 합니다. 닮음 기호 ∽는 닮음을 뜻하는 라틴어 similis영어의 similar의 첫 글자 s를 옆으로 뉘어서 쓴 것입니다. 교과서에 나오는 이야기입니다. 나는 왜 s를 옆으로 뉘어서 쓰는가에 이야기의 초점을 맞추고자 합니다.

두 도형이 있습니다. 그런데 한 도형이 다른 도형의 모양이 너무 부러워 닮으려고 애쓰s-에스다가 지쳐 쓰러져∽죽었습니다. 이를 안타깝게 여긴 제우스가 그 쓰러진 모습을 닮음의 기호 ∽로 사용하도록 했습니다. 이런 전설이 있음 직하지 않습니까! 아프로디테, 에로스 두 신이 나의 말에 공감하네요. 이때 날벼락이 떨어집니다. 제우스의 이름을 팔았다고 제우스 신이 노하신 것 같습니다. 여러분, 용서하세요. 이 이야기는 웃자고 꾸며 본 이야기입니다. 제발 제우스 신이시여, 학생들에게 재미를 선사

하려는 나의 노력을 어여삐 여기시어 용서하십시오. 덜,덜,덜.

닮음 기호 ∽는 라이프니츠에 의해 처음 사용되었습니다. 휴우! 이제 진실을 말하고 나니 속이 좀 후련합니다.

두 도형의 닮음비가 $1:k$일 때 $k<1$이면 축소, 작아지는 것입니다. $k=1$이면 합동, 즉 모양과 크기가 $1:1$로 똑같은 것입니다. $k>1$ 이면 확대, 커지는 것입니다.

그럼 입체도형인 두 삼각기둥이 서로 닮은 상황에서 닮음비와 모서리의 길이를 식을 세워 알아볼까요. 아래의 그림을 보세요. 대응하는 모서리를 잘 살펴야 합니다.

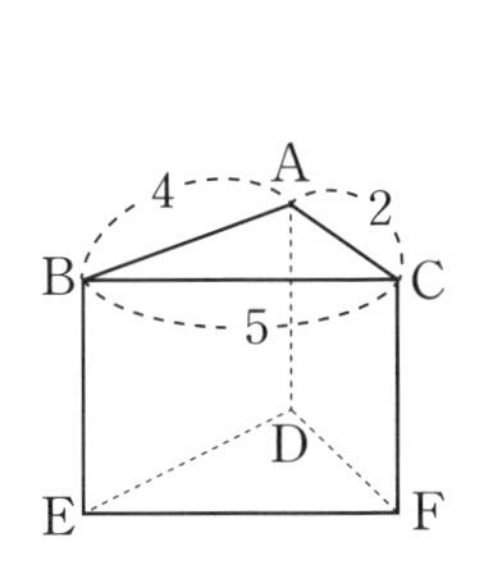

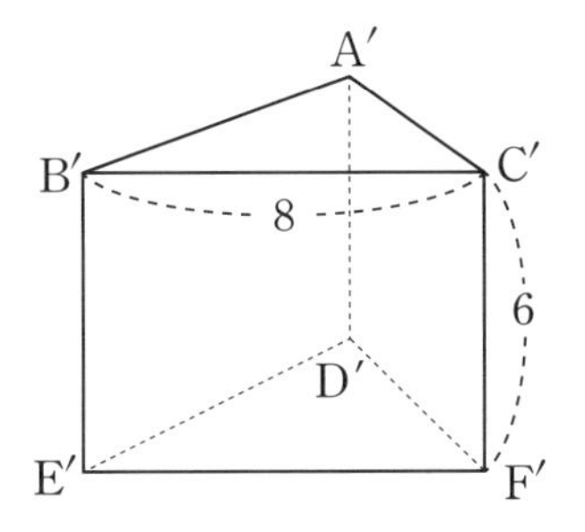

두 삼각기둥의 닮음비는 아래와 같습니다.

$$\overline{BC} : \overline{B'C'} = 5:8$$

따라서 다음과 같습니다.

$$\overline{CF} : 6 = 5:8$$

비례식을 풀어 볼까요? 외항은 외항끼리 곱하고 내항은 내항끼리 곱하는 것이 비례식 계산의 기본입니다. 따라서 $\overline{CF}$는 $\frac{15}{4}$입니다. 나머지도 중간 과정은 직접 풀어 보세요.

$$4 : \overline{A'B'} = 5 : 8$$
$$\overline{A'B'} = \frac{32}{5}$$

$$2 : \overline{A'C'} = 5 : 8$$
$$\overline{A'C'} = \frac{16}{5}$$

잠시 눈을 돌려 거인을 쳐다봅니다. 거인의 허리에는 허리띠가 있습니다. 지면에서 허리띠까지의 거리는 4m입니다. 그리고 거인의 발에서 거인 그림자의 허리띠까지의 길이는 8m, 거인 그림자의 길이는 10m입니다. 거인의 키를 구해 볼까요? 암산으로도 바로 풀 수 있습니다. 하지만 수학적 사고를 돕기 위해 비례식을 세워 나타내겠습니다. 거인의 키를 x라 하면

$$8 : 4 = 10 : x$$

$x = 5$입니다.

따라서 거인의 키는 5m입니다.

"거인이라면서 나랑 키 차이 얼마 안 나네."

땅꼬마 에로스가 하는 말입니다. 여러분이 이해하세요. 에로스는 아직 뺄셈을 배우지 않은 상태입니다. 하하!

이제 신전에 있는 기둥을 가지고 하나만 알아보고 이 유형은 그만 공부하려고 합니다. 신전에는 다음과 같은 원기둥이 두 개 서 있습니다. 여기서 닮음비와 비례식을 이용하여 x의 값을 찾아내 보겠습니다. 일단 그 문제의 원기둥을 보여 주겠습니다.

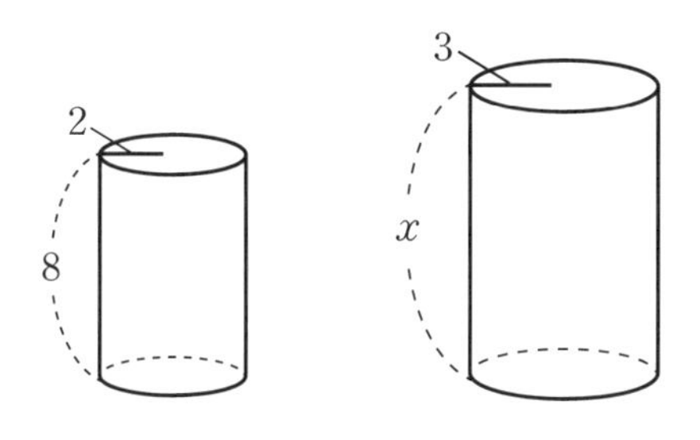

문제를 풀기 전에 뇌에 자극을 주어 생각을 좀 해 보니 밑면의 반지름의 길이의 비가 같다는 사실이 나의 뇌를 콕콕 찌르네요. 따라서 원기둥의 밑면의 반지름이 대응이 되므로 2 : 3이라는 닮음비를 가집니다. 그 닮음비를 가지고 비례식을 세워 봅니다.

$$2 : 3 = 8 : x$$

내항은 내항끼리 외항은 외항끼리 곱해서 식을 정리합니다.

$$2x = 24$$

양변을 2로 나누면 좌변에 x만 남아 $x = 12$가 됩니다.

또 다른 계산 방법이 있습니다. 2가 8로 늘어났으니 이 식을 잘 봐야 합니다. 집중하세요.

$$2 : 3 = 8 : x$$

2가 8로 4배 늘어났으니 3을 4배로 늘이면 12가 되지요.

두 방법 중 잘 생각해 보고 자신에게 맞는다고 생각하는 방법을 선택해서 사용하세요. 하지만 답이 분수나 소수로 나오면 비례식 계산을 이용하는 처음 방법이 낫습니다. 자, 이왕 공부하는 건데 비례식의 성질을 확실히 알아 둡시다.

$$a:b=c:d \Rightarrow ad=bc$$

외항의 곱과 내항의 곱은 같습니다.

$$a:b=ak:bk_{k\neq0}$$

그러므로 입체도형에서 닮음비는 대응변의 길이의 비와 모서리의 길이의 비, 둘레의 길이의 비가 모두 같습니다.

이제 직각삼각형에서 닮음비가 어떻게 만들어지는지 비례식으로 알아보겠습니다. 물론 피타고라스의 정리를 가지고 쉽게 풀 수도 있습니다. 하지만 나는 비례식의 달인 아니겠습니까? 그래서 직각삼각형의 닮음의 비를 비례식의 성질을 가지고 만들어 보겠습니다. 중학교 과정에서는 이 비례식 계산으로 다 설명할 수 있습니다. 물론 또 한 분의 수학자 피타라고라스가 여러분들을 도울 것입니다. 그건 그때 가서 생각하시고 지금은 에우독소스의 시간, 즉 비례식의 시간입니다. 자, 볼까요.

그림과 공식들을 살펴보겠습니다.

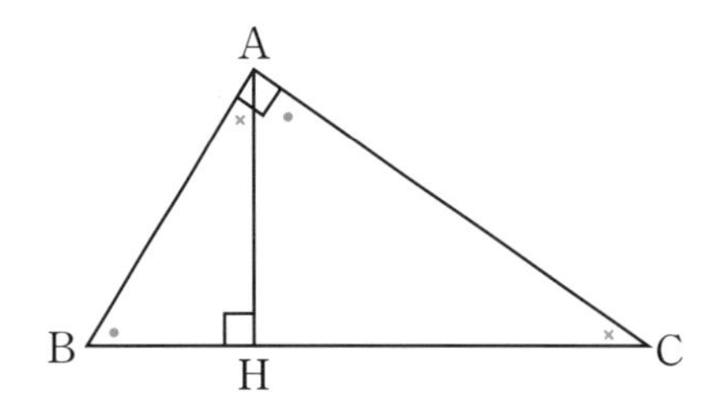

① $\overline{AB}^2 = \overline{BC} \times \overline{BH}$

② $\overline{AH}^2 = \overline{BH} \times \overline{HC}$

③ $\overline{AC}^2 = \overline{CH} \times \overline{CB}$

④ $\overline{AB} \times \overline{AC} = \overline{AH} \times \overline{BC}$

상당히 복잡한 공식이 등장했지요. 하지만 이 녀석들의 복잡한 마음속에는 비례식이 숨어 있답니다. 저놈들의 배배 꼬인 마음을 비례식으로 달래 줄 테니 잘 보세요. 우선 우리의 뇌 $\frac{3}{10}$ 지점에 이런 생각을 콱 박아 두어야 합니다. 직각삼각형 세 개가 모두 닮음이라는 생각 말입니다. 그림에서 보니까 분명 두 개의 삼각형은 보이는데 하나는……? 마음의 눈을 떠 보세요. 보이지요? 두 개의 삼각형을 품고 있는 전체의 삼각형 말입니다. 끝까지 안 보인다며 수학 없는 세상에서 살고 싶다고 외치는 몇몇 학생들을 위해 설명하겠습니다. 삼각형 ABH, 삼각형 AHC, 삼각형 ABC입니다. 그렇죠? 마음의 눈으로 보라고 한 삼각형이 바로 테두리에 있는 삼각형 ABC였습니다. 자, 위

식들을 이제는 비례식을 이용하여 ①, ②, ③, ④번 식을 몽땅 풀어 드리겠습니다.

우선 ①번 식의 탄생의 비밀입니다. 삼각형 ABC와 삼각형 HBA가 닮았으므로 그 두 삼각형의 변의 비, 닮음비를 이용하여 비례식 계산을 하겠습니다. 좀 길지만 차근차근 아래의 비례식을 보세요.

작은 삼각형의 빗변인 $\overline{AB}$: **작은 삼각형의 가장 짧은 밑변인** $\overline{BH}$

= **큰 삼각형의 빗변인** $\overline{BC}$: **큰 삼각형의 가장 짧은 변인 밑변** $\overline{AB}$

이 비는 일정합니다. 왜? 두 삼각형은 닮았으니까요. 닮음비가 일정하거든요. 간단히 식으로 나타내면 이렇게 되지요.

$$\overline{AB} : \overline{BH} = \overline{BC} : \overline{AB}$$

비례식의 성질을 이용하여 정리합니다. 외항끼리의 곱과 내항끼리의 곱은 같다는 성질 알고 있죠? 그래서 이렇게 됩니다.

$$\overline{AB}^2 = \overline{BC} \times \overline{BH}$$

②번 식도 알아보겠습니다. 이 식은 두 번째, 세 번째 크기의 삼각형의 비례 관계입니다. 즉 삼각형 ABH와 삼각형 CAH의 맞짱이지요. 여기서 맞짱은 대응이라는 뜻으로 쓴 말입니다. 서로서로 맞짱을 잘 생각해 보세요.

$$\overline{AH} : \overline{CH} = \overline{BH} : \overline{AH}$$

역시 이 식도 내항끼리의 곱과 외항끼리의 곱으로 정리하면 다음과 같습니다.

$$\overline{AH}^2 = \overline{BH} \times \overline{CH}$$

③번 식은 ①번 식과 같은 계산 방법으로 나옵니다.

④번 식에서는 뇌를 많이 자극해야 합니다. 하지만 그렇게 어렵지는 않아요. 일단 크게 생각해서 삼각형 ABC와 삼각형 HBA를 비교하면 됩니다. 다윗과 골리앗의 대결입니다. 가장 큰 삼각형과 가장 작은 삼각형의 맞짱입니다. 기대하세요.

다윗과 골리앗의 힘의 대결이 팽팽합니다. 그래서 다음과 같은 식이 성립합니다. 계산은 역시 비례식의 성질인 내항은 내항끼리 외항은 외항끼리 계산입니다.

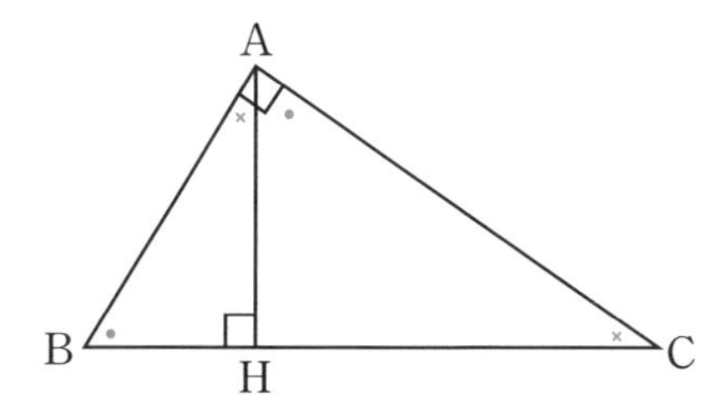

$$\overline{AB} : \overline{BC} = \overline{AH} : \overline{AC}$$
$$\overline{AB} \times \overline{AC} = \overline{AH} \times \overline{BC}$$

위와 같은 식이 탄생되었습니다. 해피 버스데이! 위 직각삼각형의 닮음의 식에 얽힌 이야기를 하나 들려주고 이번 수업를 마치려고 합니다. 책 덮지 마세요. 이 이야기는 상당히 교훈적이니까요. 들어 보세요. 직각삼각형의 닮음에 대한 이야기입니다. 직각삼각형을 산으로 생각하고 공식을 외우도록 합니다.

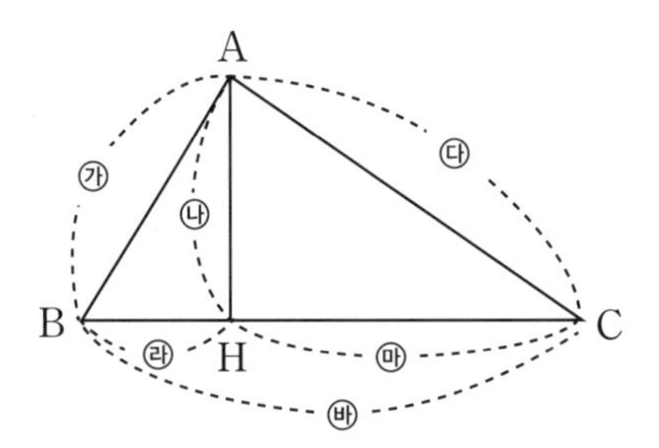

$\overline{AB}$의 경사를 오르락내리락하는 거리가 ㉮입니다. 그런데 이 ㉮는 B에서 HA에서 수직인 지점까지 가는 ㉱와, B에서 C까지 가는 ㉳의 곱과 같습니다. 그만큼 경사를 오르기가 힘든 거죠. 식으로 나타내면 이렇게 됩니다.

㉮^{2} = ㉱ × ㉳

$\overline{AC}$의 경사를 오르락내리락하는 것은 C에서 H까지 가는 거리와 C에서 B까지 가는 거리의 곱과 같습니다. 역시 경사가 평지보다 훨씬 힘든 것입니다.

㉰^{2} = ㉲ × ㉳

다의 제곱은 마~, 봐. 내가 해낸다.

다음은 수직으로 등산하는 장면입니다. 오를 때만 힘이 들고 내려올 때는 편한 경우라서

㉯^{2} = ㉱ × ㉲

나의 제곱은 나는 대한의 남아라마다.

마지막은 무엇일까요?

㉮ × ㉰ = ㉯ × ㉳

이 경우 어떤 사람은 외우는 방법으로 '소' 자랑 같다고 말하는 사람도 있습니다. ㉮ × ㉰를 'ㅅ'으로 보고 ㉯ × ㉳를 'ㅗ'로 생각해서 외우라고 합니다. 생각해 보니 그런 것 같기도 합니다.

수업 정리

$\overline{AB}:\overline{BH}=\overline{BC}:\overline{AB}$ 이 비례식을 이용하여 아래와 같은 식이 만들어집니다.

$\overline{AB}^2=\overline{BC}\times\overline{BH}$

11교시

닮음에 응용된 비들

도형 곳곳에 숨겨진
비례식을 찾아봅시다.

수업 목표

1. 도형에 숨어 있는 비례식을 알아봅니다.

미리 알면 좋아요

1. **닮음** 두 도형의 모양이 같음을 이르는 말입니다. 닮은 두 도형을 닮은 도형이나 닮은꼴이라고 합니다.

2. **평행** 두 개의 직선이나 평면이 서로 나란하여 만나지 않는 것을 가리킵니다.

3. **동위각** 두 직선이 다른 한 직선과 만나서 생긴 각 중에서 같은 위치에 있는 두 각을 가리킵니다.

4. **엇각** 한 직선이 다른 두 직선과 만날 때 서로 엇갈리는 각을 가리킵니다.

5. **메넬라오스** 이집트의 알렉산드리아에서 태어난 수학자입니다. 98년 로마에 천문대를 건립하였고 《구면학》이라는 책전3권을 썼으며 '메넬라오스 정리'를 발견하였습니다.

6. **체바** G.1647~1736 이탈리아의 기하학자로서 1678년 '체바의 정리'를 발견했습니다.

에우독소스의 열한 번째 수업

이제 마지막 수업입니다. 이제까지 배운 모든 비에 대한 지식을 총동원하여 익히는 시간을 갖겠습니다. 에로스와 아프로디테가 도우미로 일해 주기로 했습니다. 여러분도 그게 좋겠지요. 자, 수업을 시작합니다.

에로스가 사다리를 들고 오네요. 사다리는 작은 키의 에로스가 선반 위에 있는 꿀단지를 내려 먹기 위한 필수 도구입니다. 이 에로스의 필수 도구에도 비례식이 숨어 있습니다. 알아봅시다. 평행선 사이의 선분의 길이의 비, 이건 수학하는 사람들이 쓰는 말이고, 우리는 앞으로 이렇게 부릅니다. 에로스의 꿀 찾는 도구, 사다리라고 말입니다.

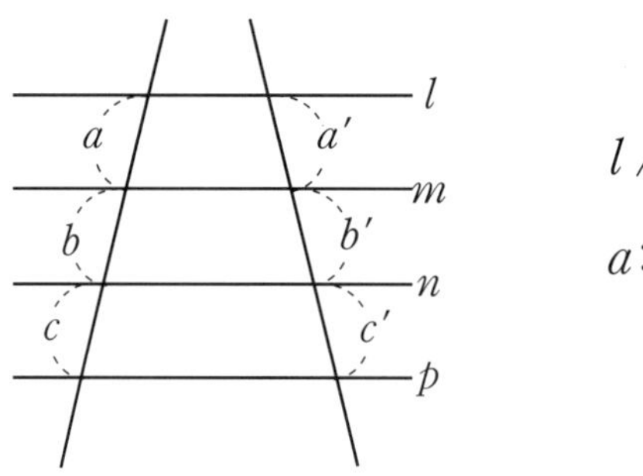

$l \parallel m \parallel n \parallel p$일때

$a : a' = b : b' = c : c'$

위 비례식에서 느끼는 점을 말해 봅니다. 사다리 한 칸 한 칸의 비가 일정하다는 사실입니다. 기억하세요. 위 식에서도 기호로 나와 있지만 에로스가 밟고 올라가는 선들이 평행할 때 비가 일정해진다는 사실입니다. 이 내용은 수학자들이 기하학에서 공리로 많이 다루는 부분입니다. 우리는 그런 어려운 말은 필요 없습니다. 우리가 알아야 할 것은 에로스가 밟고 올라가는 사다리의 선들이 나란해야 한다는 사실, 나란하다면 옆에서 있는 두 줄의 간격은 일정하다는 사실입니다.

다음 도우미는 아프로디테입니다. 아프로디테는 미의 여신입니다. 그 당시 최고의 몸짱이었지요. 특히 그녀의 몸길이의 비, 균형미가 일품입니다. 그런 훌륭한 몸을 보고 지나칠 에우독소스가 아닙니다. 바로 수학에 활용하겠습니다.

아프로디테의 몸의 길이의 비는 완벽한 여인의 몸과 닮아 있습니다. 서로 닮은 두 몸의 닮음비가 $m:n$이면 선분의 길이의 비는 이렇게 됩니다. 여기서 선분은 아프로디테의 키라고 보면 되겠지요.

$$m:n$$

그리고 겉넓이, 넓이의 비는 다음과 같습니다.

$$m^2:n^2$$

아프로디테의 몸을 사진으로 찍어 보면 평면도형에서처럼 가로, 세로 안에 넣을 수 있지요. 그래서 가로, 세로의 의미로 $m^2:n^2$이 성립되는 것입니다. 넓이는 두 변을 곱해서 알 수 있으니까요.

그렇다면 아래의 식이 나타내는 것은 무엇일까요?

$$m^3 : n^3$$

그렇습니다. 부피의 비입니다. 넓이의 비에서 한 요소가 더 곱해져 있습니다. 가로, 세로, 높이라고 보시면 되는데 아프로디테의 몸매를 생각해 보면 곱해지는 한 요소가 뭘까요.

정리해 보겠습니다. 닮은 두 도형의 닮음비가 $m : n$이면 선분의 길이의 비는 $m : n$, 겉넓이, 넓이의 비는 $m^2 : n^2$, 부피의 비는 $m^3 : n^3$입니다. 알아 두세요.

이제 사우나장에 가면 볼 수 있는 모래시계에 대한 비밀을 알려 주겠습니다.

삼각형에서의 평행선과 선분의 길이의 비를 나타내는 식입니다. 기호 //는 평행을 나타냅니다. 두 직선이 평행하다, 즉 나란하다는 뜻이지요.

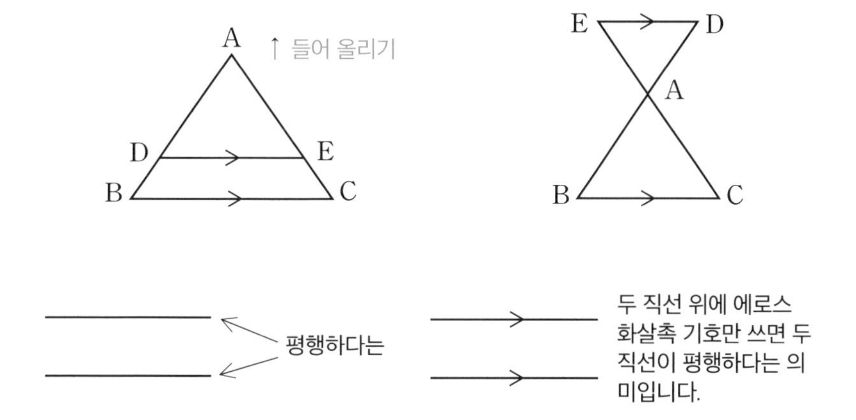

$\overline{BC} /\!/ \overline{DE}$ 일 때,

$\triangle ABC \backsim \triangle ADE$

$\overline{AD} : \overline{AB} = \overline{AE} : \overline{AC} = \overline{DE} : \overline{BC}$ 입니다.

두 삼각형의 그림을 비교해 보면 비례식은 똑같이 나오지만 모양이 다르지요. 하지만 이렇게 생각하면 됩니다. 처음 그림의 작은 삼각형을 들어 올려 모래시계 모양으로 만들었으니 부품 재료가 같은 것이고 그러니 비례식은 당연히 같아진다고 말입니다.

점점 어려워지고 있습니다. 어려워진다는 것은 우리의 수업도 끝나가는 것이라고 볼 수 있습니다. 이제 중학교 2학년생도 어려워하는 삼각형 내각의 이등분선의 정리에 들어가는 비례식을 알아보겠습니다.

이번에는 에로스가 도와주기로 했습니다. 에로스, 이제는 사랑의 화살을 사용할 시기라며 화살을 준비합니다.

$\triangle$ABC에서 $\angle$BAD $=$ $\angle$CAD일 때,
$\overline{AB}:\overline{AC}=\overline{BD}:\overline{CD}$입니다.

이 비례식이 왜 성립되는지 증명해 보이겠습니다.

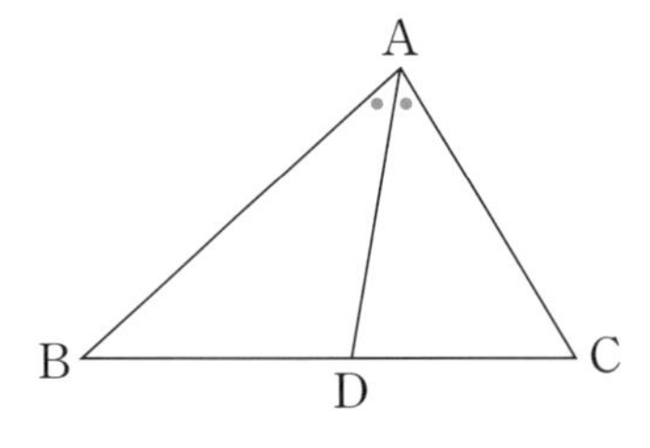

그림에서 각을 둘로 나누고 점을 사이에 하나씩 붙여 놨지요.

그게 바로 두 각의 크기가 같다는 기호입니다. 단지 복점이 아닙니다. 앞의 비례식을 두 가지 방법으로 증명해 보이겠습니다. 에로스 준비해 주세요. 첫 번째 증명입니다.

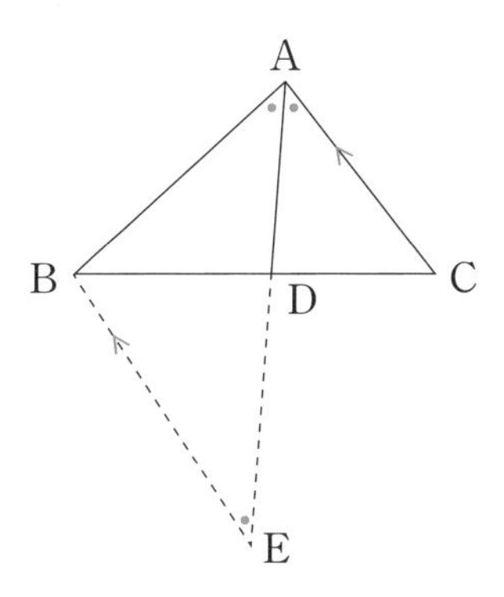

변 AD의 점 D쪽 연장선과 점 B를 지나 변AC와 평행한 직선이 만나는 점을 E라고 하면 변 AC와 변 BE는 평행합니다. 그래서 각 CAD와 각 BED는 엇각으로 같습니다. 점 D를 중심으로 맞꼭지각이 있으므로 △DBE와 △DCA는 닮음입니다. 각이 두 개만 같아도 닮음이 됩니다. 그것은 닮음의 조건이니까 알아 두세요.

그리고 각 BAE와 각 BEA가 같으므로 이등변삼각형의 성질에 따라 두 변의 길이가 같게 되므로 변 BA와 변 BE는 같습니다. 이등변삼각형의 성질이라니까요. 알아 두세요.

따라서 다음의 비례식이 성립합니다.

$$\overline{AB} : \overline{AC} = \overline{BE} : \overline{AC} = \overline{BD} : \overline{CD}$$

아참, 에로스의 도움을 잊을 뻔했습니다. 무엇이냐 하면 변 AC와 변 BE에서 두 변이 나란하다는 기호, 그 기호를 에로스의 화살촉을 이용하여 만들었습니다. 고마워, 에로스!

또 다른 방법이 있습니다. 이제 보조선을 삼각형 내부로 그려서 나타내는 방법입니다.

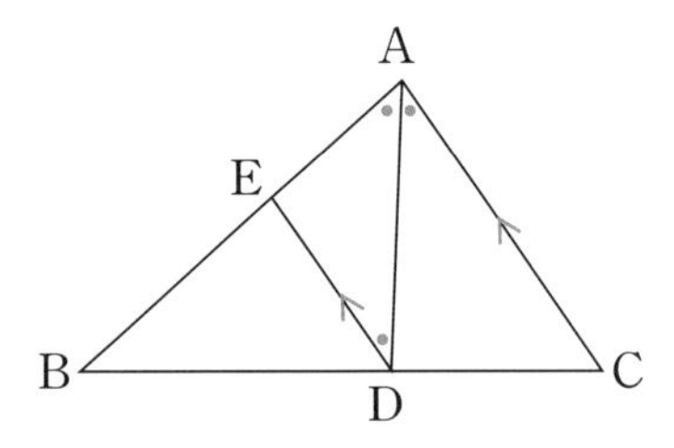

점 D에서 변 AC와 평행한 선을 그어 변 AB와 만나는 점을 E라고 하면 이때 에로스가 평행을 나타내기 위해 화살을 쏘아 표시해 줍니다. 변 AC와 변 ED가 평행하니까 각 CAD와 각

EDA는 엇각으로 같습니다. 각 EAD와 각 EDA가 같으므로 이등변삼각형의 성질에 의해 변 AE와 변 DE는 같습니다. 결국 $\triangle$BED와 $\triangle$BAC는 닮음입니다. 그래서 다음의 비례식이 성립하게 됩니다.

$$\overline{AB} : \overline{AC} = \overline{BE} : \overline{DE} = \overline{BE} : \overline{EA} = \overline{BD} : \overline{DC}$$

이왕 어려운 길로 접어들었으니 삼각형의 외각의 이등분선의 정리에 대해서도 공부하도록 하겠습니다. 에로스 좀 도와주세요.

그림과 같이 $\angle EAD = \angle CAD$일 때,
$\overline{AB} : \overline{AC} = \overline{BD} : \overline{CD}$가 됩니다.

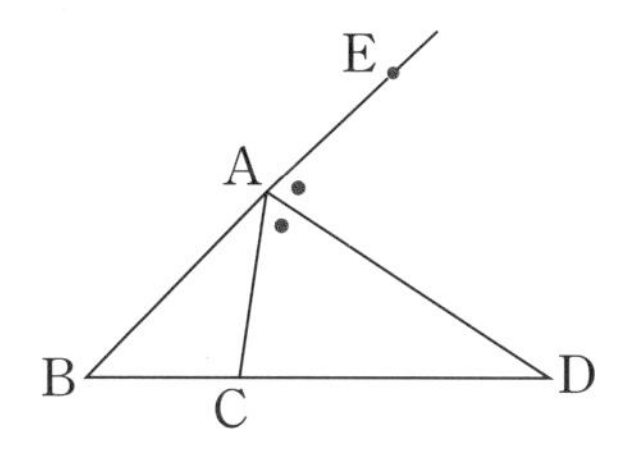

이것은 세 가지 방법으로 증명해 보이겠습니다.

첫 번째 방법입니다. 그림을 잘 보고 읽어 보세요.

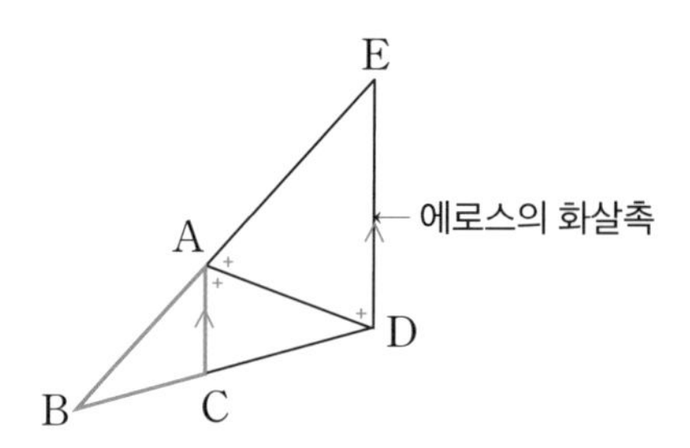

점 D를 지나 변 AC와 평행한 선이 변 BA의 연장선과 만나는 점을 E라고 하면 다음과 같습니다.

$\overline{AC} /\!/ \overline{DE}$에서 엇각으로

$\angle CAD = \angle EDA \ (= \angle EAD)$

$\therefore \overline{ED} = \overline{EA}$

이거 기억해 두세요. 바로 뒤에서 써먹을 겁니다.

$\triangle BAC \backsim \triangle BED$이므로

$\overline{AB} : \overline{AC} = \overline{EB} : \overline{ED} = \overline{EB} : \overline{EA} = \overline{BD} : \overline{CD}$

앞에서 기억해 두라고 한 $\overline{ED}=\overline{EA}$, 그래서 교체 대입했습니다.

두 번째 방법입니다. 삼각형 밑에 뿔처럼 돋아나게 해서 풀이하는 일명 유니콘 풀이, 유니콘은 환상의 동물입니다.

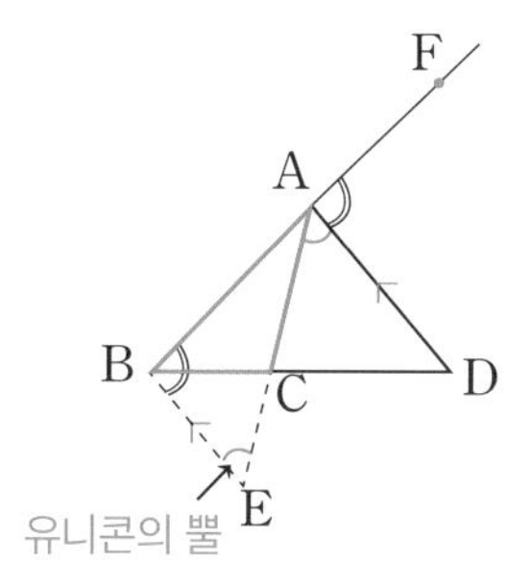

변 AC의 점 C쪽 연장선과 점 B를 지나 선분 AD와 평행한 직선의 교점을 E라고 하면, 선분 AD와 선분 BE가 나란하므로 각 FAD와 각 ABE는 동위각으로 같습니다. 그리고 각 DAE와 각 BEA는 엇각으로 같습니다. 각 ABE와 각 AEB가 같으므로 이등변삼각형이 만들어져 선분 AB와 선분 AE는 같습니다. 그래서 $\triangle BCE \backsim \triangle DCA$가 성립됩니다. 따라서 다음과 같은 비례식이 증명되는 것입니다.

$$\overline{AB} : \overline{AC} = \overline{AE} : \overline{AC} = \overline{BD} : \overline{CD}$$

세 번째 방법으로는 에로스가 삼각형 안쪽으로 화살을 쏘는 형태의 풀이 방법입니다.

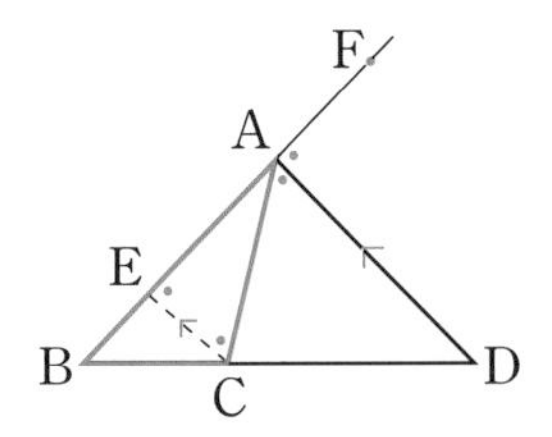

점 C를 지나 선분 AD와 평행한 선이 변 AB와 만나는 점을 E라고 하면 선분 AD와 선분 EC가 나란하니까 각 FAD와 각 AEC는 동위각으로 같습니다. 또 각 DAC와 각 ECA는 엇각으로 같습니다. 따라서 각 AEC와 각 ACE가 같아서 이등변삼각형이 되고 이등변삼각형이라서 변 AE와 변 AC는 같습니다. 그래서 하는 말이지만 △BCE와 △BDA는 닮음입니다.

아래와 같은 비례식이 성립합니다.

$$\overline{AB} : \overline{AC} = \overline{AB} : \overline{AE} = \overline{BD} : \overline{CD}$$

아! 그리고 이건 안 가르쳐 주려고 했는데 여러분을 위해 특별히 가르쳐 주는 겁니다. 평행선 사이의 선분의 길이의 비에 대한 이야기입니다. 세 개의 평행선이 있을 때 성립하는 식입니다. 그림을 보세요.

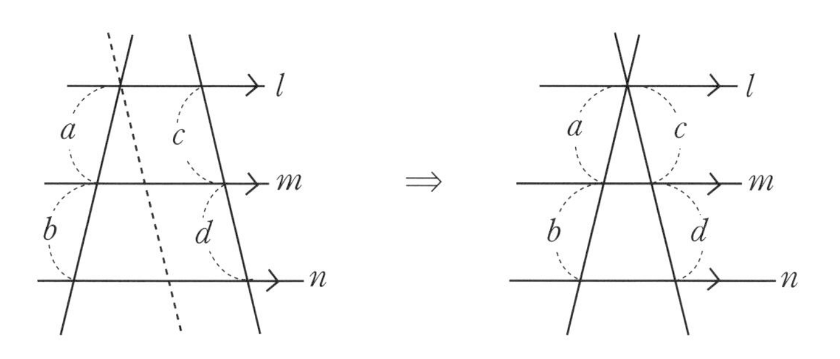

$l /\!/ m /\!/ n$일 때,

$$a : b = c : d$$

$$a : (a+b) = c : (c+d)$$

$$a : (a-b) = c : (c-d)$$ 단, $a>b$, $c>d$

이제 줄이 하나 더 그어져 있는 네 개의 평행선의 비례식입니다.

$l /\!/ m /\!/ n /\!/ r$일 때, $/\!/$ 기호는 두 직선이 나란하거나, 평행할 때 쓰이는 기호입니다.

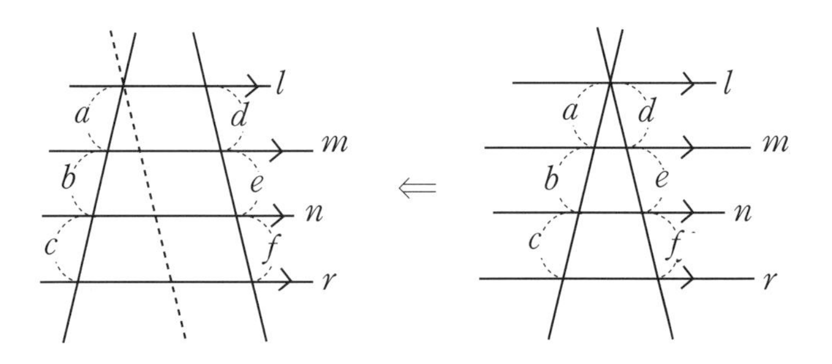

$$l \,/\!/\, m \,/\!/\, n \,/\!/\, r\text{일 때,}$$

$$a : b : c = d : e : f$$

$$(a+b+c) : a = (d+e+f) : d$$

$$(a+b) : (b+c) = (d+e) : (e+f)$$

$$(a+b) : c = (d+e) : f$$

휴우, 끝났습니다. 제법 많은 것 같지만 그림에 손을 짚어 가며 살펴보면 알 수 있습니다. 양쪽으로 대응되며 비례식이 성립하는 규칙이 있습니다.

이제 그 유명한 수학자 나 말고 메넬라오스의 정리에 들어 있는 비례와 비의 값을 살펴봅니다. 메넬라오스라는 사람에 대해 약간은 언급해야 예의겠지요? 수학자 메넬라오스는 이집트의 알렉산드리아 출생으로 98년 로마에 천문대를 건립하였습니다. 그리고

《구면학 전3권》이라는 책을 썼는데, 여기에 유명한 '메넬라오스의 정리'가 포함되어 있죠. 그 유명한 메넬라오스의 정리입니다.

한 직선이 △ABC의 변 또는 그 연장선과 만나는 점을 각각 X, Y, Z라 하면 다음의 식이 성립됩니다.

$$\frac{\overline{BX}}{\overline{CX}} \times \frac{\overline{CY}}{\overline{AY}} \times \frac{\overline{AZ}}{\overline{BZ}} = 1$$

이게 바로 메넬라오스 정리입니다. 다음 그림을 보시고 손으로 짚어 가며 살펴보세요.

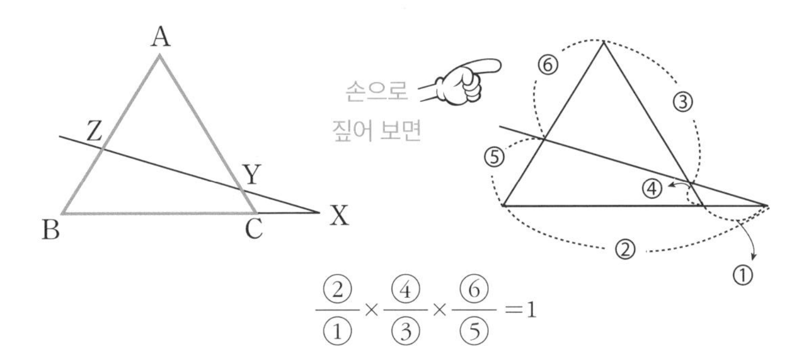

위 문제를 증명하지 않으려고 하니까 메넬라오스가 죽으려고 합니다. 왜냐하면 수학에서 증명은 생명이니까요. 그래서 증명하기로 했습니다. 증명한다니까 메넬라오스가 다시 살아나네요.

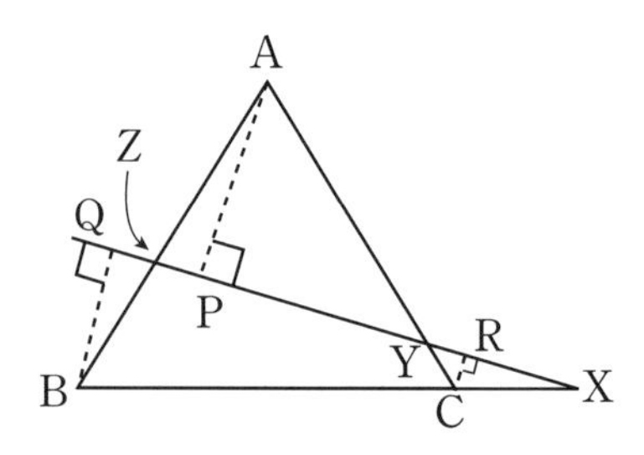

점 A, B, C에서 반직선 XZ에 내린 수선의 발을 각각 P, Q, R이라 하면

$$\triangle XCR \backsim \triangle XBQ\text{이므로 } \frac{\overline{BX}}{\overline{CX}} = \frac{\overline{BQ}}{\overline{CR}}$$

$$\triangle YCR \backsim \triangle YAP\text{이므로 } \frac{\overline{CY}}{\overline{AY}} = \frac{\overline{CR}}{\overline{AP}}$$

$$\triangle APZ \backsim \triangle BQZ\text{이므로 } \frac{\overline{AZ}}{\overline{BZ}} = \frac{\overline{AP}}{\overline{BQ}}$$

세 비의 값을 각 변으로 곱하면

$$\frac{\overline{BX}}{\overline{CX}} \times \frac{\overline{CY}}{\overline{AY}} \times \frac{\overline{AZ}}{\overline{BZ}} = \frac{\overline{BQ}}{\overline{CR}} \times \frac{\overline{CR}}{\overline{AP}} \times \frac{\overline{AP}}{\overline{BQ}} = 1$$

증명 끝났습니다. BQ를 보니 자꾸 통닭이 생각나서 배가 고픕니다.

드디어 우리 수업도 끝이 나는 것 같습니다. 체바의 정리가 나오는 것을 보면 말입니다. 에로스가 체해 보면 거북하다는 것을 알고 있다고 말하네요. 얼렁뚱땅 수업을 끝내고 싶어서 그러는 거 다 알고 있습니다. 하지만 체바는 그런 '체해 봐'와는 다릅니다. 수학자 체바를 말합니다. 1647년에 태어난 이탈리아의 기하학자입니다. 나랑은 그렇게 친하지 않아서요, 바로 체바의 정리를 소개합니다.

△ABC의 꼭짓점 A, B, C에서 각각의 대변에 적당한 선분을 그어 선분 AE, 선분 BF, 선분 CD가 한 점 O에서 만날 때, 다음과 같이 됩니다.

$$\frac{\overline{BD}}{\overline{AD}}\times\frac{\overline{CE}}{\overline{BE}}\times\frac{\overline{AF}}{\overline{CF}}=1$$

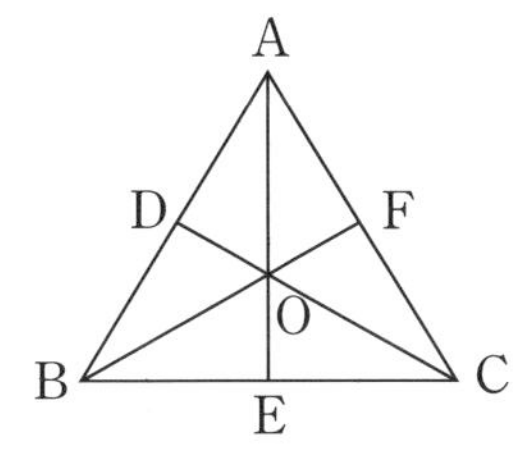

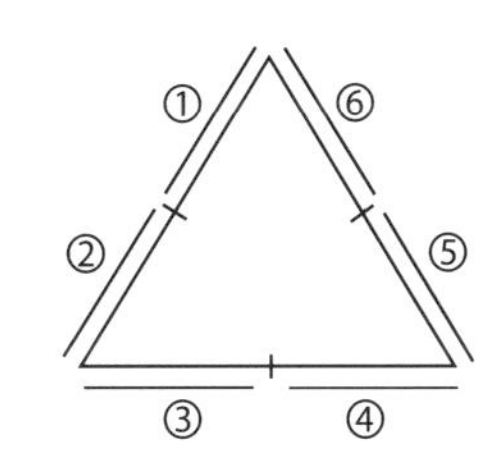

$$\frac{②}{①}\times\frac{④}{③}\times\frac{⑥}{⑤}=1$$

수업 정리

❶ 메넬라오스의 정리

한 직선이 △ABC의 변 또는 그 연장선과 만나는 점을 각각 X, Y, Z라 하면 다음의 식이 성립됩니다.

$$\frac{\overline{BX}}{\overline{CX}} \times \frac{\overline{CY}}{\overline{AY}} \times \frac{\overline{AZ}}{\overline{BZ}} = 1$$

❷ 체바의 정리

△ABC의 꼭짓점 A, B, C에서 각각의 대변에 적당한 선분을 그어 선분 AE, 선분 BF, 선분 CD가 한 점 O에서 만날 때, 다음과 같이 됩니다.

$$\frac{\overline{BD}}{\overline{AD}} \times \frac{\overline{CE}}{\overline{BE}} \times \frac{\overline{AF}}{\overline{CF}} = 1$$